"十四五"普通高等教育本科部委级规划教材

纺织品检测与评价

祁 宁 主 编

董 雪 周小进 副主编

U0216856

中国纺织出版社有限公司

内 容 提 要

本书涵盖了纺织品检测与评价的相关理论知识，国内外最新标准、法规及试验方法，国内外先进通用测试仪器及其测试原理、方法和实验结果解读等。全书分为概述、纺织标准与质量认证、纺织品常规项目检测与评价、纺织品安全防护类检测与评价、纺织品功能性检测与评价、纺织品形貌和结构检测与评价六个部分以及附录（纺织通用、专用仪器设备简介）。

本书既可作为纺织类专业本科生、研究生的教材，检验检测技术人员的培训教材，也可作为纺织材料等相关领域科研工作者的参考书籍。

图书在版编目（CIP）数据

纺织品检测与评价／祁宁主编；董雪，周小进副主编. --北京：中国纺织出版社有限公司，2024.12.

（"十四五"普通高等教育本科部委级规划教材）.

ISBN 978-7-5229-1955-3

Ⅰ. TS107

中国国家版本馆 CIP 数据核字第 2024HS9035 号

责任编辑：沈 靖 责任校对：高 涵 责任印制：王艳丽

中国纺织出版社有限公司出版发行
地址：北京市朝阳区百子湾东里 A407 号楼 邮政编码：100124
销售电话：010—67004422 传真：010—87155801
http://www.c-textilep.com
中国纺织出版社天猫旗舰店
官方微博 http://weibo.com/2119887771
三河市宏盛印务有限公司印刷 各地新华书店经销
2024 年 12 月第 1 版第 1 次印刷
开本：787×1092 1/16 印张：8
字数：175 千字 定价：58.00 元

前　言

　　"纺织品检测与评价"课程是纺织科学与工程学科中一门核心工科实验课程,旨在深入探讨纺织品检测与评价的理论与实践。本课程内容广泛,不仅包括纺织品检测与评价的理论知识,还涵盖国内外的最新标准、法规及试验方法,以及国内外先进通用仪器与纺织专用仪器的测试原理、方法和实验结果解读。基于多年的教学实践,我们发展出了一套"2+2"分段培养模式:前一个"2"代表理论学习,包括基础理论课程和"智慧树"平台的录播课程;后一个"2"代表校内自主实验与校外实践相结合的实验实践教学。

　　本书以纺织材料学、纺织品检验学、纺织品检测与评价等实验教学大纲为基础,坚持以实验教学为核心,同时兼顾学科的专业性与科普性。本书不仅可作为纺织类专业本科生及研究生的教材,检验检测技术人员的培训教材,同时也可作为纺织材料等相关领域科研工作者的参考书籍。

　　在理论层面,本书详细介绍了仪器、实验原理等基础知识;在实验层面,提供了简洁的操作方法,并根据国内外最新标准体系进行了规范和优化。

　　为了实现课程共享,本书作者与"智慧树"平台合作,共同开发了视频共享课程。课程网址为:https://coursehome.zhihuishu.com/courseHome/1000073014。此外,相关章节还附有微课程的二维码,方便读者扫码观看。

　　本书及配套视频由苏州大学纺织与服装工程学院、现代丝绸国家工程实验室、苏州纤维检验院、苏州海关的专家团队编写和录制。祁宁担任主编,董雪、周小进担任副主编,张克勤担任学术总策划,刘宇清担任视频课程负责人。本书共分为六章,第1章由祁宁、周小进、刘宇清编写和录制;第2章由刘宇清编写和录制;第3章由祁宁、刘宇清、彭伟良、魏兴、侯学妮、董雪、张丽丽编写和录制;第4章由刘宇清、陈夫志、祁宁编写和录制;第5章由祁宁、董雪、刘宇清、张珏编写和录制;第6章由祁宁、刘宇清、解宇、戚玉、刘雨编写和录制;附录由祁宁、董雪、解宇编写和录制;祁宁负责全书和视频内容统筹设计与审核工作,董雪负责全书统稿和修改工作,章文琴负责书稿的文字整理工作。在此,我们对所有参与本书编写和录制相关工作的专家表示衷心的感谢。

　　本书在编写过程中得到了江苏省高校优势学科建设项目、苏州大学精品课程项目的资助。尽管作者们倾注了大量心血,但由于水平有限,书中难免存在不足之处。我们诚挚地欢迎各位读者提出宝贵的意见和建议,以便我们不断改进和完善。

作者

2024 年 10 月

目 录

第1章 概述 ……………………………………………………………………… 1

  1.1 纺织品的构成与分类 ………………………………………………… 1

    1.1.1 纺织品的构成 …………………………………………………… 1

    1.1.2 纺织品的分类 …………………………………………………… 1

  1.2 纺织品检测项目概述 ………………………………………………… 3

    1.2.1 理化性能检测项目 ……………………………………………… 3

    1.2.2 功能性检测项目 ………………………………………………… 4

    1.2.3 抽检项目 ………………………………………………………… 4

  1.3 纺织品检测原理与方法 ……………………………………………… 4

    1.3.1 纺织品检测主要目的 …………………………………………… 4

    1.3.2 纺织品检测原理 ………………………………………………… 5

    1.3.3 纺织品检测方法 ………………………………………………… 6

    1.3.4 问题纺织品与检测 ……………………………………………… 6

  1.4 纺织品检测技术的发展趋势 ………………………………………… 7

第2章 纺织标准与质量认证 …………………………………………………… 8

  2.1 纺织标准的发展历史 ………………………………………………… 8

  2.2 纺织标准的分类与国际化 …………………………………………… 9

    2.2.1 纺织标准的分类 ………………………………………………… 9

    2.2.2 纺织标准的国际化 ……………………………………………… 10

  2.3 纺织质量认证与标志 ………………………………………………… 12

    2.3.1 OEKO-TEX® Standard …………………………………………… 12

    2.3.2 瑞士蓝色标志 …………………………………………………… 13

    2.3.3 GRS 认证 ………………………………………………………… 13

    2.3.4 全球有机纺织品认证标准（GOTS） …………………………… 13

    2.3.5 良好棉花发展协会（BCI） ……………………………………… 14

    2.3.6 人道负责任羽绒标准（RDS） …………………………………… 14

    2.3.7 负责任的羊毛标准（RWS） ……………………………………… 14

    2.3.8 纯羊毛标志（Woolmark） ……………………………………… 15

    2.3.9 绿色纤维标志（GF） …………………………………………… 15

2.3.10　吊牌认证 ·· 16

2.4　纺织质量监督与认证 ··· 16

2.4.1　质量监督 ·· 16

2.4.2　质量认证 ·· 17

第 3 章　纺织品常规项目检测与评价 ·· 19

3.1　纱线条干均匀度与毛羽检测 ·· 19

3.1.1　纱线条干均匀度与毛羽简介 ··· 19

3.1.2　纱线条干均匀度与毛羽的检测标准及方法 ······································· 20

3.2　纺织品拉伸性能检测 ··· 23

3.2.1　拉伸性能简介 ··· 23

3.2.2　拉伸性能的检测标准及方法 ··· 24

3.3　纺织品撕破性能检测 ··· 25

3.3.1　撕破性能简介 ··· 25

3.3.2　撕破性能的检测标准及方法 ··· 25

3.4　纺织品耐磨与起毛起球性能检测 ··· 28

3.4.1　耐磨性能简介 ··· 28

3.4.2　耐磨性能的检测标准及方法 ··· 28

3.4.3　起毛起球性能简介 ··· 29

3.4.4　起毛起球性能的检测标准及方法 ··· 29

3.5　纺织品洗涤和干燥后尺寸变化率检测 ··· 32

3.5.1　洗涤和干燥后尺寸变化率简介 ··· 32

3.5.2　洗涤和干燥后尺寸变化率的检测标准及方法 ···································· 32

3.6　纺织品颜色检测 ··· 33

3.6.1　纺织品颜色简介 ·· 33

3.6.2　纺织品颜色的检测标准及方法 ··· 34

3.7　纺织品透气和透湿性能检测 ·· 36

3.7.1　透气和透湿性能简介 ··· 36

3.7.2　透气性能的检测标准及方法 ··· 36

3.7.3　透湿性能的检测标准及方法 ··· 37

3.8　纺织品热阻和湿阻性能检测 ·· 38

3.8.1　热阻和湿阻简介 ·· 38

3.8.2　热阻和湿阻的检测标准及方法 ··· 38

第 4 章　纺织品安全防护类检测与评价 ·· 42

4.1　国家纺织产品基本安全技术规范概述 ··· 42

4.2 纺织品甲醛含量和 pH 检测 ……………………………………………………… 43
　4.2.1 甲醛含量和 pH 超标的危害 ………………………………………………… 43
　4.2.2 甲醛含量和 pH 的检测原理 ………………………………………………… 44
　4.2.3 甲醛含量和 pH 的检测标准及方法 ………………………………………… 45
4.3 纺织品禁用偶氮染料检测 ………………………………………………………… 46
　4.3.1 禁用偶氮染料的危害 ………………………………………………………… 46
　4.3.2 禁用偶氮染料的检测原理 …………………………………………………… 47
　4.3.3 禁用偶氮染料的检测标准及方法 …………………………………………… 48
4.4 纺织品重金属含量检测 …………………………………………………………… 49
　4.4.1 重金属的危害 ………………………………………………………………… 49
　4.4.2 重金属含量的检测原理 ……………………………………………………… 49
　4.4.3 重金属含量的检测标准及方法 ……………………………………………… 51
4.5 纺织品邻苯二甲酸酯含量检测 …………………………………………………… 52
　4.5.1 邻苯二甲酸酯的危害 ………………………………………………………… 52
　4.5.2 邻苯二甲酸酯含量的检测原理 ……………………………………………… 52
　4.5.3 邻苯二甲酸酯含量的检测标准及方法 ……………………………………… 54
4.6 纺织品色牢度检测 ………………………………………………………………… 55
　4.6.1 色牢度简介 …………………………………………………………………… 55
　4.6.2 色牢度检测通则 ……………………………………………………………… 56
　4.6.3 色牢度的检测标准及方法 …………………………………………………… 57

第 5 章　纺织品功能性检测与评价 ……………………………………………………… 60

5.1 纺织品防紫外线性能检测 ………………………………………………………… 60
　5.1.1 紫外线的危害及防护机理 …………………………………………………… 60
　5.1.2 防紫外性能的检测标准及方法 ……………………………………………… 61
5.2 纺织品电磁屏蔽性能检测 ………………………………………………………… 62
　5.2.1 电磁辐射的危害及防护机理 ………………………………………………… 62
　5.2.2 屏蔽效能的检测标准及方法 ………………………………………………… 63
5.3 纺织品压电摩擦电性能检测 ……………………………………………………… 64
　5.3.1 压电摩擦电性能简介 ………………………………………………………… 64
　5.3.2 压电摩擦电性能的检测标准及方法 ………………………………………… 67
5.4 纺织品抗菌性能检测 ……………………………………………………………… 69
　5.4.1 抗菌性能简介 ………………………………………………………………… 69
　5.4.2 抗菌性能的检测标准及方法 ………………………………………………… 69
5.5 纺织品阻燃性能检测 ……………………………………………………………… 71
　5.5.1 阻燃性能简介 ………………………………………………………………… 71

5.5.2 阻燃性能的检测标准及方法 ·················· 71

5.6 纺织品防水性能检测 ························· 78

5.6.1 防水性能简介 ·························· 78

5.6.2 防水性能的检测标准及方法 ·················· 79

5.7 纺织品抗合成血穿透性能检测 ···················· 81

5.7.1 抗合成血穿透性能简介 ····················· 81

5.7.2 抗合成血穿透性能的检测标准及方法 ·············· 82

5.8 纺织品过滤效率呼吸阻力检测 ···················· 83

5.8.1 过滤效率呼吸阻力简介 ····················· 83

5.8.2 口罩测试标准 ·························· 84

5.8.3 过滤效率呼吸阻力的检测标准及方法 ·············· 85

第6章 纺织品形貌和结构检测与评价 ·················· 87

6.1 纺织品微观形貌检测（扫描电镜法） ················· 87

6.1.1 扫描电镜检测技术简介 ····················· 87

6.1.2 扫描电镜的检测原理 ····················· 88

6.1.3 扫描电镜法观测纺织品微观形貌 ················· 88

6.2 纺织品化学结构分析鉴别（红外光谱法） ··············· 91

6.2.1 红外光谱检测技术简介 ····················· 91

6.2.2 红外光谱的检测原理 ····················· 91

6.2.3 红外光谱法分析鉴别纤维组分 ·················· 92

6.3 纺织品纤维含量定量分析（核磁共振法） ··············· 93

6.3.1 核磁共振检测技术简介 ····················· 93

6.3.2 核磁共振的检测原理 ····················· 94

6.3.3 核磁共振法检测聚酯纤维混合物的含量 ············· 94

6.4 纺织品氨基酸含量检测 ······················· 97

6.4.1 蛋白质与氨基酸简介 ····················· 97

6.4.2 氨基酸含量的检测原理 ····················· 98

6.4.3 氨基酸含量的检测方法 ····················· 98

参考文献 ······························· 101

附录 ································· 106

纺织通用仪器设备简介 ························ 106

纺织专用仪器设备简介 ························ 112

第1章 概述

1.1 纺织品的构成与分类

1.1.1 纺织品的构成

纺织纤维是指具有一定长度、强度和韧性，细度很细（直径一般为几微米到几十微米），长度比细度大百倍，甚至千倍以上并具备一定加工性能和使用性能的细长物质。纺织纤维是构成纺织面料的基本材料，主要分为天然纤维与化学纤维两大类。

［微课］纺织品的
构成与分类

天然纤维又可分为植物纤维、动物纤维和矿物纤维。常用纺织天然纤维主要有棉、毛、丝、麻。棉和麻属于植物纤维，主要是从植物上籽、果实、茎、叶等处获得的纤维，主要成分是纤维素。我国的新疆棉以纤维长、品质好、产量高闻名于世界。动物纤维又叫蛋白质纤维，可分为毛发类纤维和腺分泌物纤维。毛发类纤维有绵羊毛、山羊毛、兔毛等；腺分泌物纤维有桑蚕丝、柞蚕丝、蜘蛛丝等。常用的石棉纤维属于矿物纤维，具有高度耐火性、电绝缘性和隔热性，是重要的防火、绝缘和保温材料。

化学纤维是以天然高分子化合物或人工合成的高分子化合物为原料，经过纺丝原液、纺丝和后处理等工序制得的具有纺织性能的纤维，也是现代工业化的产物。我国化纤产量占全球产量的70%以上。化学纤维包括再生纤维、合成纤维和无机纤维。常见的再生纤维包括黏胶纤维、醋酯纤维等，有些废物回收的纤维也可以制备再生纤维。常见的合成纤维有锦纶、涤纶（聚酯纤维）、腈纶等。常见的无机纤维有玻璃纤维、硼纤维、陶瓷纤维和金属纤维等，它是以矿物质为原料制成的化学纤维，通常用于复合材料中，如手机、计算机的印制电路板中使用了大量的玻璃纤维。

GB 18401—2010《国家纺织产品基本安全技术规范》，对纺织品的定义为以天然纤维和化学纤维为主要原料，经纺、织、染等加工工艺，再经缝制、复合等工艺制成的产品，如纱线、织物及其制品。该标准规定了纺织产品的基本安全技术要求、试验方法、检验规则及实施与监督，适用于在我国境内生产、销售的服用、装饰用和家用纺织产品。该标准是我国强制性国家标准，对企业具备强制约束力。无论是生产企业还是经营企业，都应高度重视国家发布的强制性标准，准确理解标准的内容，严格执行标准的要求，确保产品符合强制性标准的要求。

1.1.2 纺织品的分类

纺织品的分类方式有很多种，可按生产方式、原料组成、成纱工艺、印染加工和最终用

1

途进行分类。

按生产方式，纺织品可分为纱线、绳类、带类纺织品，编织物和特种纺织品，常见的有机织物、针织物及非织造物。①机织物是指存在交叉关系的纱线构成的织物，在织机上由经纬纱按一定的规律织成的织物又称为梭织物。机织物常见的组织结构有平纹、斜纹和缎纹。②针织物是指用织针将纱线织成线圈，再把线圈相互圈套而成的织物，主要分为纬编和经编两大类。经编织物是纱线沿经向喂入，弯曲成圈并互相套圈而成的织物；纬编织物是纱线沿纬向喂入，弯曲成圈并互相套圈而成的织物。③非织造物是指定向或随机排列的纤维，通过摩擦、抱合或黏合等方法组合而成的片状物、纤网或絮垫等，不需要纺织的过程，又称为无纺布，如常见的口罩，其中的核心熔喷布就是非织造布。

按原料组成，纺织品可分为纯纺织物、混纺织物和交织织物。100%棉纱织成的织物就是纯纺织物，棉和涤纶纱线混纺而成的织物就是混纺织物，如 T/C 65/35，其中涤纶纱和棉纱的比例分别是 65% 和 35%。交织织物是指经、纬向分别用两种不同的纱线交织而成的织物，如经向棉纱和纬向涤纶交织。混纺织物和交织织物的主要区别在于其纱线，混纺织物是由两种以上的原料先混纺成一股纱，再进行织造；交织织物是由两种以上的纱线共同织出的面料。

按成纱工艺，纺织品可分为棉型和毛型两种。棉型又分为精梳和普梳，毛型又分为精纺和粗纺，两者都是工艺上的区别。精梳棉型织物和普梳棉型织物的品质差异十分明显，精梳棉型织物是用精梳棉纱线织制而成的，经过精细加工，面料质地柔软、光洁，手感舒适，且不易起球、起毛，耐磨性和透气性也较好。相比之下，普梳棉型织物由普梳棉纱线织制而成，质地稍显粗糙，容易起球、起毛，手感不如精梳棉型织物柔软舒适。精纺毛织物和粗纺毛织物也有明显的差异，精纺毛织物是由精纺毛型纱线织制而成的，具有细腻光滑的表面，织物质地柔软、透气，手感舒适，适合制作高档服装；而粗纺毛织物则是由粗纺毛型纱线织制而成，表面粗糙，手感稍硬，适合制作休闲风格的服装或家居用品。无论是棉型织物还是毛织物，精细加工的产品往往品质更好，适用范围更广，更受消费者青睐。

按印染加工，纺织品可分为本色产品、漂白产品、染色产品、色织产品、印花产品和特种印染产品，此外，还包括一些后整理产品。后整理是赋予面料色彩效果、形态效果（光洁、绒面、挺括等）和实用效果（防水拒水、防毡缩、免烫、抗菌、抗紫外、阻燃等）的技术处理方式。目前很多功能性纺织品都是普通面料通过后整理加工方法研制出来的。

按最终用途，纺织品可分为服用纺织品、家用纺织品和产业用纺织品。服用纺织品是指日常穿着的衣服、服装面料及辅料。家用纺织品有室内用品、床上用品等。由于应用领域的不同，产业用纺织品分得更细，共有 16 大类，150 个系列，也是目前分类最多，发展前景最好的一类。

随着纺织科技的发展，近五年衍生出一个新的门类——智能纺织品。智能纺织品的用途多种多样，服用、家用和产业用纺织品都与智能纺织品相互交叉，给传统纺织品赋予新的内涵，也带来了新的发展机遇。智能纺织品目前还没有准确的定义，市面上的智能纺织品大多数是使用数字组件及电子产品嵌入纺织品中，最热门的就是智能可穿戴用品，如图 1-1（a）

所示，智能手环、智能鞋、智能眼镜、智能帽子和智能监测衣物等，用来监测人体心率、血压、运动数据或者智能发热、降温等，以上这些都属于第一代智能纺织品，本质都是在纺织品上嵌入电子元器件。未来，真正意义上的智能纺织品应该是纤维原料或者织造出的织物本身赋有智慧功能的纺织品。图 1-1（b）所示是一种新型的智能纺织品，它将导电纬纱和发光经纱纤维交织在一起，在纬纱与经纱的接触点便形成了微米级的电致发光单元，该织物成品在 1000 次弯曲、拉伸循环测试后，绝大部分电致发光单元仍表现良好，且这些电致发光单元的亮度在超过 100 次的清洗干燥循环后依然保持稳定。

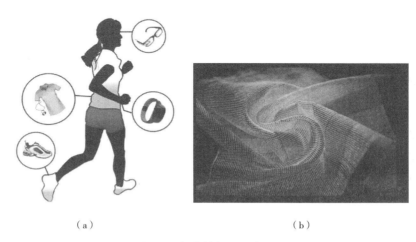

（a）   （b）

图 1-1 智能纺织品示意图

1.2 纺织品检测项目概述

1.2.1 理化性能检测项目

纺织品从纱线到织物、服装涉及的理化性能检测项目很多。常规的物理检测项目有纤维含量、织物密度、克重、强力（断裂强力、顶破强力、撕破强力等）和色牢度（耐水洗色牢度、耐汗渍色牢度、耐摩擦色牢度、耐光色牢度、耐唾液色牢度等）。另外，羽绒制品还涉及羽绒服的保暖性能，如充绒量、绒子含量、蓬松度和防钻绒性等检测项目。这些检测项目关系到纺织品的自身价值和服用性能。

常规的化学检测项目有 pH、游离甲醛、禁用偶氮染料、重金属、可萃取的重金属、五氯苯酚、邻苯二甲酸酯及其他有机挥发物等。羽绒制品还涉及清洁度、耗氧量及微生物等指标，这些都是与人体安全健康相关的检测项目。

1.2.2 功能性检测项目

纺织品功能性检测项目主要分为以下几类。

（1）安全防护类检测项目。抗静电性能、防紫外线性能、防电磁辐射性能、防水性能、防污性能、防螨性能和阻燃性能等，如孕妇要穿防辐射服，电子工厂车间里需穿抗静电服，户外冲锋衣需要防水、透湿等。

（2）舒适性类检测项目。吸湿排汗性、保暖性、凉感、透气性、热阻、湿阻、透湿量、水分蒸发速率和液态水动态传递指数等，主要应用在速干衣、保暖内衣和冲锋衣等服装的舒适性功能方面的检测与评价。

（3）保健类检测项目目前市场上还有不少功能保健类的产品，具有磁疗、红外线理疗、负离子保健等方面的功能，但缺乏与之相对应的测试标准。

1.2.3 抽检项目

抽检项目首先包含 GB 18401—2010《国家纺织品基本安全技术规范》和 GB 31701—2015《婴幼儿及儿童纺织产品安全技术规范》中最基本的安全指标项目。另外，毛类服装还比较关注纤维含量；全棉类衬衣关注水洗尺寸变化率；化纤类服装关注色牢度或者起毛起球性；羽绒服关注含绒量、绒子含量、蓬松度、微生物、耗氧量等检测项目。

产品质量安全风险监测是为了及时发现和掌握产品质量安全风险。近些年开展的项目主要有国家市场监督管理总局的蚕丝被增重剂风险监测项目；上海市市场监管局的纽扣拉链中的重金属铅和镉总量及邻苯二甲酸酯含量的风险监测项目；江苏省纤维检验局的丝绸面料中重金属和邻苯二甲酸酯含量的风险监测项目等，这些风险监测项目对产品质量监测具有重要意义，其中，国家市场监督管理总局的蚕丝被增重项目已经促使相应标准的修改完善。另外，FZ/T 73012—2017《文胸》标准中未涉及的透气性能的测试，GB/T 22583—2009《防辐射针织品》中未涉及的透气率和多次洗涤后的屏蔽效能的测试等，都需进行修改完善。风险监测项目的执行需要以专业技术为后盾，不断发现新的风险监测项目，从而降低产品质量安全风险。

1.3 纺织品检测原理与方法

［微课］纺织品检测
原理与方法

1.3.1 纺织品检测主要目的

纺织品检测的主要目的是评估产品特性，并预测其在使用过程中的性能。获得的信息可用于研究开发、原材料选择、工艺开发、过程控制、质量控制、产品测试、产品故障分析、比较试验与基准设定及符合政府法规的情况判定。

1.3.1.1　制造商视角

对于制造商，纺织品检测的主要目的是检查投入和产出的质量。根据价值链中位置，输入材料可能是纤维、纱线或织物。投入品的特性将影响加工这些材料的能力，以及所获得产品的质量和特性，例如，强度低的纱线在织造过程中出现故障的概率较大，增加了机器的停机时间，生产出来的纺织品也会显示出较低的强度，最终无法满足要求。制造商的产出控制对于确保其工艺的可行性也至关重要，制造参数要进行优化，以便在限制机器停机时间的同时实现高生产率，并达到预期的质量和性能水平。

产品必须满足的要求主要涉及材料特性，如纱线或织物的抗拉强度。越来越多与使用性能有关的更复杂的方面也被包括进来，如燃烧性和透气性。其中一些特性，也可能是制造商保护其市场份额的方法，即基于其产品提供特定功能的垄断。产出品检测也是制造商的一个关键环节，以确保产品处于所需性能与成本比率的范围内。另外，在与客户发生纠纷时，对产出的质量控制，也是工具手段的一部分。

1.3.1.2　终端用户视角

对于最终用户，纺织品检测可以确保质量、特性方面的期望。产品特性与安全、美学、功能、舒适和耐用性有关。纺织品检测也使最终用户能够在现有产品中做出明智的选择，如测试方法的标准化使比较不同材料与产品的特性成为可能，而第三方认证则保证用户选择的产品符合规范的性能水平。此外，部分公司还制定了品牌战略，将产品的特性或性能与特定的品牌联系起来。

1.3.2　纺织品检测原理

纺织品检测的两个主要原理是制造过程中的质量控制和第三方检测认证。

1.3.2.1　制造质量控制

质量控制是制造过程的一个重要组成部分，其目的是确保所生产部件的特性在客户预期的公差水平之内。质量是由特性的平均值及标准偏差来定义的。质量控制可以在线进行，即不停止生产过程，如使用自动系统检测非织造布的断针。测试也可以通过收集样品，并在一旁测量来进行。质量控制从原材料开始，目标是确保原材料的特性与制造工艺以及成品的要求相符。例如，对于纺纱厂来说，原材料可能是用于制造纱线的天然或合成短纤维，以及用于通过挤出生产单丝或丝束的聚合物。一些非织造工艺（如闪蒸纺）也可以直接使用聚合物作为原料。纤维的成分、直径、长度、单位长度质量、强度、断裂伸长率、刚度、卷曲和污染物的存在是纤维的一些关键参数，而聚合物的成分、熔点和降解温度以及黏度可以检测。纱线的评估特征包括线密度、捻度、强度、毛羽、均匀度和棉结。下一步，可在纺织品结构中加入整理剂、涂层和颜色。最后，服装或纺织产品制造商收到成品、染色或涂层织物，以及所有必要的附加部件（如拉链、纽扣等），并将其组装为成品。

质量控制也是在纺织过程中的不同阶段进行的，其目的是对工艺参数进行微调，使生产质量和效率得到优化。例如，纱线纺纱的质量控制包括清花、梳理、牵伸、精梳和纺纱操作等，最后制造商还对最终产品进行质量控制检测，验证产品在平均值和标准偏差方面是否符合目标要求。检测的特性一般包括物理特性（如服装尺寸和抗拉强度）、短期性能（撕裂强度、抗穿刺性和水蒸气渗透性等）和长期性能（抗磨损、抗紫外线和抗蠕变等）。

1.3.2.2 第三方检测认证

第三方检测认证是由独立的实验室有偿进行，以保证产品符合一定的安全、质量和性能方面的要求，检测使用特定的标准测试方法进行。对于制造商来说，第三方认证的好处是证明产品符合标准和法规，对产品安全和质量的承诺提供独立的确认和验证，并提高其客户和监管机构的可信度；对于买方和最终用户来说，解除在购买或使用产品之前对产品进行检测认证的需要。

检测认证由国家颁发，认证机构可以授权相关机构提供核查服务，以确保符合标准和法规，从而提供符合性声明，如中国合格评定国家认可委员会（CNAS）。私人组织也可以以企业或部门为单位制定认证体系，如国际环保纺织协会（OEKO-TEX）。

1.3.3 纺织品检测方法

1.3.3.1 基于属性的检测方法

基于属性的检测方法，是指测量产品或材料的物理或化学特性。可以是纤维的化学性质和纤维的长度分布、纱线的线密度和捻度、织物机织或针织图案的类型、产品重量、染料的光谱特性或涂层纺织品的单位面积质量等。

1.3.3.2 基于性能的检测方法

基于性能的检测方法，是指为了模拟产品或材料的使用条件。可以反映产品或材料在使用中的短期和长期行为。短期性能评估包括可燃性和有毒性烟雾测试、撕裂和穿刺强度测量，以及空气和水蒸气渗透性能测试等；长期性能评估包括抗紫外性能、耐磨性能、生物可降解性能、抗化学品及抗蠕变等。

1.3.4 问题纺织品与检测

问题纺织品可能由制造商在生产过程中通过质量控制或在最终检验时发现，也可能因客户投诉而被发现。缺陷可能是肉眼可见的，如横档、疵点、色差等；也可能在特性或性能等方面不符合规定要求。

1.3.4.1 问题纺织品检测

对原材料、半成品或纺织成品进行检测，没有得到预期的结果时，首先要核实问题是否由于测试过程本身造成的，即试样制备、测试条件、数据采集和数据分析等。例如，在进行拉伸试验时，试样可能在夹具中滑动，产生较高的断裂伸长率。为了验证，可以由同一实验室进行第二次测试，或者将样品送到另一个实验室测试。问题纺织品如果被产品制造商发现，可以将原材料退回给供应商；如果与制造商的工艺有关，可以尝试将有缺陷的产品降级，低价出售；如果被客户发现，且还未使用，可以将产品寄回制造商并要求退款。有问题的产品也可能成为两个（或更多）相关方之间纠纷的根源，特别是当有问题的产品造成了损害或伤害。这些可能最终诉诸法庭的案件，检测实验室可能被要求提供独立意见。

1.3.4.2 纺织品检测有助于改进产品

检测可发现产品特性或性能方面的缺陷和问题，无论是由于制造商的质量控制，还是在客户投诉之后，都必须采取必要行动，找出确切原因，制订解决方案，避免问题再次发生，这是重新建立和保持客户信心的关键。深入的缺陷分析使制造商有机会改进生产工艺，提高产品质量、性能和制造效率。

1.4 纺织品检测技术的发展趋势

纺织品检测技术的发展趋势主要体现在以下几个方面：一是数字化与自动化技术的应用，包括利用计算机视觉、人工智能等技术，实现纺织品检测的自动化和智能化，提高检测效率和准确性；二是多元化检测手段的整合，结合红外光谱、拉曼光谱、纳米技术等多种手段进行综合检测，提高对纺织品各项性能的检测精度和全面性；三是绿色环保检测技术的发展，推动无损检测技术、低能耗检测设备等环保型检测技术的应用，减少对环境的影响；四是信息化管理系统的建立，通过建立纺织品检测数据管理系统，实现对检测数据的统一管理、分析和利用，提升生产管理的科学性和效率。因此，未来纺织品检测技术将向智能化、多元化、环保化和信息化的方向不断发展，以满足纺织品行业对质量控制和技术创新的需求。

未来纺织业的发展趋势会更加注重绿色、环境友好和健康。随着全球环保意识的增强，人们越来越重视绿色生态纺织业，因为它不仅有助于保护人们的身体健康，还能够改善环境。此外，生态型纺织产品有望在未来成为全球市场的主要消费群体。在未来，我国对于检测技术需要采用多种手段，包括制定严格的技术法规和标准，并建立一套完善的评估流程，确保纺织产品的安全性和可靠性，让消费者安心购买。当前欧洲许多国家也都采取了严格的措施来检测纺织品，以确保其中没有任何有害化学成分或者污染物。如果发现某种纺织品中存在有害物质，就无法再被允许进入欧洲市场，将给纺织企业带来极大的损失。

因此，我国必须不断探索新的检测技术，努力提升检测水准，以适应当今社会的发展趋势，实现纺织业的科学、快速、可持续发展。

第2章 纺织标准与质量认证

[微课] 纺织标准的
定义与历史

2.1 纺织标准的发展历史

纺织标准是指以纺织科学技术和纺织生产实践为基础制定的、由公认的机构批准发布的关于纺织生产技术的各项统一规定。纺织标准是纺织工业组织现代化生产的重要手段，是现代化纺织管理的重要组成部分。以制定、贯彻和修订统一的纺织标准为主要内容的全部活动，称为纺织标准化。

中国早在周代就有了原始形态的纺织标准，如规定了统一的布幅和匹长，《考工记》便是一部标准汇编。现代纺织标准是随着大工业化纺织生产而形成的。1898年，美国成立的材料试验协会（ASTM）曾制定过纺织材料方面的标准。1901年，英国成立的标准学会（BSI）是世界上第一个国家标准化团体，其主要工作内容为纺织技术标准化。

中国于1931年成立工业标准化委员会，其下设有染织等专业化标准委员会。1950年，统一了全国主要产品纱、布、毛纺、麻袋、印染、针织内衣等标准草案，在全国范围内统一了棉花水分和含杂标准。1953年，纺织工业部首先组织制定了棉纱、棉布、印染成品的鉴定标准和有关检验方法标准草案，并于1955年在国营企业中试行。1956年，正式颁发了一整套有关棉纱、棉布、印染成品的部标准，由纺织工业部、商业部和外贸部联合通知正式实行。此外，绸缎、毛纺、针织内衣等也制定了一批标准，并开始实行。经过20世纪90年代的大规模产业结构调整后，在新的起点上又实现了跨越式的发展，现代化纺织业的框架基本形成，中国纺织业的产业规模、产量和国际贸易稳居世界第一。与此相对应，中国纺织的标准化作为纺织工业重要的技术支撑，在全面提升行业整体的质量水平，促进产业升级和产业、产品结构调整，推动科技创新，跨越国际贸易中的技术性贸易壁垒，规范市场和保护消费者权益等诸多方面发挥了极其重要的作用，也逐渐形成了较为完整且体量庞大的中国纺织标准体系，中国纺织标准发展如图2-1所示。

截至2023年年底，据中国纺织工业联合会科技发展部数据，目前纺织行业归口标准总数达到2761项，纺织行业计量技术规范总数达到106项，涉及纺织纤维、纱线、织物和制品，涵盖服用、家用及产业用三大应用领域和纺织装备。这1980项标准按标准性质分，强制性标准占比2.32%，推荐性标准占比97.63%，指导性文件占比0.05%。按标准类型分，基础通用标准占比14.80%，方法标准占比30.15%，产品标准占比52.58%，管理标准占比2.47%。纺织产品领域的1405项标准中，基础通用标准413项，占比29.40%，而包括棉纺织、印染、毛纺、麻纺织、丝纺织、化纤、针织、服装、体育运动服装、家纺和产业用纺织品及其他等12个子领域在内的专业标准共992项，占比70.60%。

（a）1931年　　　　　　　　　　　　　（b）2021年

图 2-1　中国纺织标准发展

　　近年来，随着国内外市场绿色消费潮流的兴起及人们对生态环境和健康安全关注度的日益提升，中国的纺织标准化工作由传统的主要关注产品的力学性能，逐渐向关注产品的安全性能转变，产品的功能性要求也逐渐成为市场的热点。其中，国家强制性标准 GB 18401—2010《国家纺织产品基本安全技术规范》的推出具有划时代的意义。作为具有法规性质的国家强制性标准，GB 18401—2010 的推广和实施对推动中国纺织业产品生态安全性能的全面升级、跨越国际贸易中的绿色贸易壁垒和保护消费者的健康与安全方面发挥了决定性的作用。目前 GB 18401—2010 作为全球第一个，也是目前唯一专门针对纺织产品的生态安全要求的法规性强制标准，已经被国际市场所熟知，众多国际知名品牌也已将 GB 18401—2010 的要求纳入其质量管理手册之中。新的国家强制性标准 GB 31701—2015《婴幼儿及儿童纺织产品安全技术规范》的实施，快速改变了中国在欧美市场被召回的纺织产品中绝大部分由于童装的安全性能不合规定所造成的被动局面。与此同时，纺织品安全、生态纺织品、功能性纺织品、新型纺织材料、高性能产业用纺织品、再生利用纤维和新型成套纺织装备等七大新的重点领域的标准化工作已取得初步成果。

　　纺织标准化是纺织工业的一项综合性基础工作，对于改善经营管理、提高产品质量、组织专业化生产、节约原材料、保障安全、扩大国际贸易、提高经济效益都有重要的作用。例如，纺织原料的标准关系到国家、集体与农、牧民个人三者的利益，关系到工农业生产的水平，关系到国家物价政策的执行。纺织标准是衡量纺织生产技术水平和管理水平的统一尺度，它为提高产品质量指明努力方向，为企业质量管理和考核提供依据，又为合理利用原材料创造条件。

2.2　纺织标准的分类与国际化

［微课］纺织标准的
分类与国际化

2.2.1　纺织标准的分类

纺织标准按批准机构的级别分为企业标准（或事业标准）、专业标准、国家标准、区域标准、国际标准等。①企业标准（或事业标准）是由企业（或事业）或其上级批准发布的适用于企业（或事业）内部的标准；②专业标准是根据专业范围统一的需要，由专业主管机构或专业标准化机构批准发布的标准；③国家标准是由被承认的国家标准化组织（官方的或被授权的非官方或半官方的）批准发布的标准；④区域标准是由世界某一区域标准化团体通过的标准；⑤国际标准是由国际标准化组织通过的标准，也包括参与标准化活动的国际团体通过的标准，其目的是便于成员国之间进行贸易和信息交流。中国和东欧国家纺织标准有国家标准、专业标准、企业标准三级；欧美和日本等国家纺织标准分为二级，即国家标准和公司标准（企业标准）；在日本、中国还有团体标准，即专业标准，并且目前团体标准在我国也已得到普及应用。

2.2.1.1　标准性质分类

纺织标准按其性质一般分为强制性和推荐性两种。强制性标准是由政府制定的必须遵守的标准，而推荐性标准则是建议性的，不是必须遵守的。中国和东欧国家几乎都是强制性标准；美国、英国、德国、日本、加拿大、瑞士等国家的标准大多是推荐性标准，但国家市场（国家采购）和牵涉安全保护、环境卫生等的国家标准则要强制执行，而且强制执行的范围有逐步扩大的趋势。

2.2.1.2　标准内容分类

中国纺织原料和纺织产品的国家标准内容广泛，范围主要涉及以下三个方面：①棉花、羊毛、蚕丝、绢丝、黄麻等天然纤维和黏胶纤维、黏胶人造长丝等化学纤维原料；②毛条、各种纱线、各种布和织品、毛毯、毡制品、地毯、麻袋、针织成衣、帘子布、毛巾、床单、袜子、各种绳带、渔网等产品；③关于命名、编号、分类、支数通用制、组织规格、技术要求、技术条件、分等分级规定、试验方法、检验方法、沾色样卡、褪色样卡、包装、标志、验收规则等。

纺织器材的标准涉及木管、木锭、筒子、纸管、塑料管、梭子、综框、钢筘、条筒、印花滚筒、针布、胶圈、胶管、钢丝综和停经片等。纺织机械标准涉及各种纺、织、染机械，以及计量泵、喷丝头、锭子和罗拉等辅助机械和零部件，内容包括定义、术语、规格、等级及代号、组成及种类、参数系列、尺寸、一般公差、统一规定、铭牌、涂色、质量标准和技术条件等。

2.2.2　纺织标准的国际化

2.2.2.1　国际标准代号

中国国家标准的代号为"GB"，即"国标"二字的汉语拼音略语。纺织行业标准的代号为"FZ"，即"纺织"二字的汉语拼音略语。编号是采用阿拉伯数字，顺序号加年代号，中间加横线分开，如 GB 2—1979，表示第 2 号国家标准，1979 年批准发布。

日本国家标准的代号为"JIS"，其中纺织标准另加"L"作为代号，后编以顺序号；德国国家标准的代号为"DIN"；法国国家标准的代号为"NF"；英国国家标准的代号为"BS"；俄罗斯国家标准的代号为"GOST"，其中纺织标准不另加代号，直接编以顺序号；美国国家标准的代号为"ANST"，其中纺织标准另加"L"作为代号，美国纺织国家标准大都采用美国材料试验协会（ASTM）和美国纺织化学家和染色家协会（AATCC）的标准。也有一些国家联合成立某一专业的国际标准组织，如国际人造纤维标准化局（BISFA）、国际棉花咨询委员会（ICAC）和国际毛纺织工业组织（IWTO）等，都颁发了相关纺织标准。

2.2.2.2　技术委员会

国际标准化组织（ISO）成立于 1947 年，总部设在日内瓦，我国于 1978 年参加成为正式成员。ISO 主要任务是制定标准，协调世界范围内的标准化工作，组织各成员国和技术委员会进行信息交流。在 ISO 下设的 167 个技术委员会中，明确活动范围，属于纺织行业的有 3 个。

第 38 技术委员会是纺织品技术委员会，简称 ISO/TC 38，秘书处设在英国，下设 10 个分技术委员会（SC），涉及纺织纤维、纱线、织物及其制成品等 400 多项的国际标准。我国由通用技术中纺院中纺标作为 ISO/TC 38 国内技术对口单位，负责对所属国际标准项目及相关事务进行投票，组织提出我国在本领域的新工作项目提案，组团参加 ISO/TC 38 会议，跟踪研究本领域国际标准化的发展趋势等相关工作。ISO/TC 38 所属标准为各国进行纺织品检测评价，尤其在纺织品进出口中，为解决国际贸易质量纠纷提供了必要的技术支撑，也为跨国生产或跨国公司的生产提供了重要的技术依据。

第 72 技术委员会是纺织机械及附件技术委员会，简称 ISO/TC 72，秘书处设在瑞士，下设 4 个分委员会（SC），其工作范围主要是制定纺织机械及有关设备器材配件等纺织附件的有关标准。我国由纺织机械与附件标准化技术委员会（SAC/TC 215）作为 ISO/TC 72 国内技术对口单位，承担国际标准转化工作，截至 2022 年年底国际纺织机械与附件标委会（ISO/TC 72）共有 142 项对口国际标准，其中 SAC/TC 215 归口标准 124 项，已转化 116 项，国际标准转化率为 93.5%。

第 133 技术委员会是服装的尺寸系列和代号技术委员会，简称 ISO/TC 133，秘书处设在南非，其工作范围是在人体测量的基础上，通过规定一种或多种服装尺寸系列实现服装尺寸的标准化。

2.2.2.3　技术标准

完整的产品质量标准包括技术标准和管理标准两方面。技术标准是对技术活动中需要统一协调的事物制定的技术准则。根据其内容不同，技术标准又可分为基础标准、产品标准和方法标准。

（1）基础标准。基础标准是标准化工作的基础，是制定产品标准和其他标准的依据。常用的基础标准主要有通用科学技术语言标准、精度与互换性标准、结构要素标准、实现产品系列化和保证配套关系的标准和材料方面的标准等。

（2）产品标准。产品标准是指对产品质量和规格等方面所作的统一规定，是衡量产品质量的依据。产品标准的内容一般包括产品的类型、品种和结构形式，产品的主要技术性能指标，产品的包装、贮运、保管规则，产品的操作说明等。

（3）方法标准。方法标准是指以提高工作效率和保证工作质量为目的，对生产经营活动中的主要工作程序、操作规则和方法所作的统一规定。其内容主要包括检查和评定产品质量的方法标准、统一的作业程序标准和各种业务工作程序标准或要求等。

2.2.2.4 管理标准

管理标准是指为了达到质量的目标，对企业中重复出现的管理工作所规定的行动准则，是企业组织和管理生产经营活动的依据和手段。管理标准一般包括以下四个方面的内容。

（1）生产经营工作标准。对生产经营活动的具体工作的工作程序、办事守则、职责范围、控制方法等的具体规定。

（2）管理业务标准。企业各管理部门的各项管理业务工作要求的具体规定。

（3）技术管理标准。为有效地进行技术管理活动，推动企业技术进步做出的必须遵守的准则。规定和规范企业或组织在制定和实施技术标准应遵循的标准，是企业的质量和效益的保证。

（4）经济管理标准。对企业各种经济管理活动进行协调处理所作出的各种工作准则或要求，是企业的生产效益和手段。

2.3 纺织质量认证与标志

［微课］纺织质量
认证与标志

2.3.1 OEKO-TEX® Standard

OEKO-TEX® Standard 100 是国际环保纺织协会（OEKO-TEX® Association）于 1992 年制定，用以测试纺织和成衣制品在影响人体健康方面的性质，如图 2-2 所示。OEKOTEX® Standard 100 中规定了在纺织、服装制品上可能存在的已知有害物质的种类，测试项目包括 pH、甲醛、重金属、杀虫剂/除草剂、氯化苯酚、邻苯二甲酸盐、有机锡化物、偶氮染料、致癌/致敏染料、OPP、PFOS、PFOA、氯苯和氯甲苯、多环芳烃、色牢度、可挥发物和气味等，并将产品按最终用途分为四类：Ⅰ类婴儿用、Ⅱ类直接与皮肤接触、Ⅲ类不直接与皮肤接触和Ⅳ类装饰用。

图 2-2 OEKO-TEX® Standard 标志

2.3.2　瑞士蓝色标志

bluesign® approved 由瑞士蓝色标志科技公司推动的蓝色标志标准（bluesign standard）认证，是由该公司组织学术界、工业界、环境保护及消费者组织代表共同制定的纺织品环保规范。蓝色标志体系（bluesign® system）可以理解为一个把供应商、生产商、零售商、品牌公司和最终消费者联系在一起的合作体系，如图 2-3 所示。bluesign® system 是适合可持续性纺织品生产的解决方案，基于资源生产率、消费者安全、废水排放、废气排放、职业健康与安全五大原则。蓝色标志标准不仅可以确保最终纺织产品符合全球极为严苛的消费品安全要求，而且使消费者有信心购买到可持续性纺织品。

图 2-3　蓝色标志体系标志

2.3.3　GRS 认证

GRS 是一个自愿性、国际化和针对完整产品的标准，如图 2-4 所示。主要针对供应链厂商对产品回收、监管链的管控、再生成分、社会责任和环境规范及化学品的限制的执行。

图 2-4　GRS 认证标志

GRS 认证的目的是确保产品是在良好的工作环境下，以及对环境冲击和化学影响最小化的情况下生产作业。GRS 认证是为了满足企业为验证的产品（包括成品和半成品）所含的回收/再生成分，同时并验证社会责任、环境规范和化学使用的相关作业。申请 GRS 认证必须符合可追溯（traceability）、环境保护（environmental）、社会责任（social）、再生标志（label）及一般原则（general）五大方面的要求。

2.3.4　全球有机纺织品认证标准（GOTS）

全球有机纺织品认证标准（Global Organic Textile Standard），简称 GOTS，其主要定义是确保纺织品有机状态方面的要求，包括原材料的收割，对环境和社会责任的生产，以及标识、

图 2-5　GOTS 标志

图 2-6　BCI 标志

图 2-7　RDS 标志

确保消费者对产品的信息，如图 2-5 所示。认证对象为有机天然纤维生产的纺织品。认证范围为 GOTS 产品生产管理、环境保护、社会责任三方面。产品要求为含有 70% 的有机天然纤维，不允许混纺，最多含有 10% 的合成或再生纤维（运动用品可以最多含有 25% 的合成或再生纤维），不用转基因纤维。

2.3.5　良好棉花发展协会（BCI）

良好棉花发展协会（Better Cotton Initiative），简称 BCI，总部在瑞士，是一家非营利的国际性会员组织机构，如图 2-6 所示。在中国、印度、巴基斯坦和伦敦设有 4 个代表处。目前，在全球拥有超过 1000 名会员单位，主要包括棉花种植单位、棉纺织企业和零售品牌。

BCI 六大生产原则：①将对作物有害的影响降至最低；②高效用水与保护水资源；③重视土壤健康；④保护自然栖息地；⑤关心和保护纤维品质；⑥提倡体面劳动。

2.3.6　人道负责任羽绒标准（RDS）

人道负责任羽绒标准（Responsible Down Standard），简称 RDS，是由 VF 集团（上市成衣公司之一）与纺织品交易所及第三方认证机构荷兰管制联盟共同合作开发的一项认证项目，如图 2-7 所示。认证项目开发过程中，发证方与具领导地位的供应商，共同分析并验证羽绒供应链中的每个环节是否皆合乎标准。

食品业的鹅、鸭等禽类的羽毛，是品质最好、性能最佳的羽绒服装材料之一。人道羽绒标准是为了评估及追踪任何以羽绒为基础的产品原料来源，创造出从雏鹅到终端产品的产销监管链。标准范围包括从孵化到组装方生产出最终产品的整条水禽羽绒供应链，不受地域限制，既包括原材料羽绒羽毛供应商的认证，也包括羽绒服生产工厂的认证。

2.3.7　负责任的羊毛标准（RWS）

负责任的羊毛标准（Responsible Wool Standard），简称 RWS，是从羊牧场、羊毛加工、纺纱、织布、印染、服装加工整个流程的标准，如图 2-8 所示。这项标准于 2016 年年初发布，为该产业提供了牧羊业的动物福利和土地管理的基准，并提高了可追溯性。该标准旨在为产业提供最好的工具，验证全球牧农能做到最佳的实践，确保羊毛来自符合人道对待的羊，以及以渐进方式管理他们的农场，并建立农民、消费者和品牌之间的沟通和理解。

图 2-8　RWS 标志

2.3.8　纯羊毛标志（Woolmark）

国际羊毛局（IWS）所制定的羊毛品标准被世界公认，目前是世界上知名度最高和最权威的羊毛认证标志，如图 2-9 所示。

Woolmark 证明了所购买的针织服装是用纯新羊毛制作。"纯"象征着用 100% 的羊毛；"新"指羊毛制品中不使用再生毛。这一点极为重要，因为再生毛的品质受到破坏，由再生毛生产的产品绝不能挂纯羊毛标志。

除了服装企业，洗衣机也可以进行纯羊毛标志认证。由于羊毛面料护理的特殊性，洗衣机是否拥有羊毛清洗功能也成为消费者衡量一台洗衣机品质高低的标志之一，同时羊毛清洗功能也是市场上高端洗衣机的标配功能。

图 2-9　Woolmark 标志

2.3.9　绿色纤维标志（GF）

绿色纤维（Green Fiber）标志，简称 GF 标志，是经国家市场监督管理总局注册的证明商标，如图 2-10 所示。中国化学纤维工业协会是该标志证明商标的注册人，享有该标志的商标专有权，工业和信息化部消费品工业司是该项工作的指导单位。

绿色纤维是指原料来源于生物质或可循环再生材料，生产过程低碳环保，制成品弃后对环境无污染或可再生循环再利用的化学纤维。主要包括生物基化学纤维、循环再利用化学纤维以及原液着色化学纤维三大类别。绿色纤维要求产品

图 2-10　GF 标志

的整个生命周期具有"绿色"的特征，包括原辅材料选用、加工过程、遗弃处理等环节，绿色纤维标志认证产品应具备下列相关条件，且至少有一项具有独特的优势：①以可再生资源为原料，加工过程无污染；②纤维生产过程中使用了具有突出节能、降耗、减污、免染等特点的新技术，符合环保和可持续发展的要求；③纤维产品的加工过程中使用了无毒、对环境友好的浆料、染料、整理剂等高新技术产品和清洁生产工艺；产品不含有任何违禁的化学品，并带有某种特殊功能；④纤维产品消费使用后，不会因遗弃或处理带来环境问题，可循环利用或回归自然。

2.3.10 吊牌认证

吊牌上的安全技术类别是依据 GB 18401—2010《国家纺织产品基本安全技术规范》中的要求规定的。标准规定了纺织产品的基本安全技术要求、试验方法、检验规则及实施与监督，适用于在我国境内生产、销售和使用的服用和装饰用纺织产品。该标准属于强制性认证，因此对违反本技术规范的行为，依据《中华人民共和国标准化法》《中华人民共和国产品质量法》等有关法律、法规的规定处罚。

GB/T 29862—2013《纺织品纤维含量的标识》中规定了纺织产品纤维含量的标签要求、标注原则、表示方法、允差以及标识符合性的判定，并给出了纺织纤维含量的标识示例。纺织品纤维含量的标识，是消费者对其认知的一个说明书，是纺织产品领域一项重要的标准。国家标准实施后，所有在国内销售的纺织品，其纤维含量的标注都必须符合该标准的要求；在外贸企业出口欧美订单中，其面料纤维含量的标识更重要，一经检测与标识不符，将面临退货甚至赔偿的风险。

2.4 纺织质量监督与认证

［微课］纺织质量
监督与认证

2.4.1 质量监督

质量监督检验是指国家或各级政府的质量监督部门，对质量进行监督检查，由法定质量检验机构对指定的受检对象（产品、商品、服务、工程等）所进行的检验。中国的质量监督一般有以下四种形式。

（1）产品质量的国家监督抽查。国家监督抽查是根据《中华人民共和国产品质量法》进行的一种质量监督形式，由国家质量监督管理总局每季度组织一次，并发布国家监督抽查公报。此项制度始于 1985 年第三季度，抽查对象主要是重要的生产资料、耐用消费品、涉及人身安全和健康的以及群众反映质量差的产品。

（2）产品质量的日常监督检验。日常监督检验是由各省、自治区、直辖市以及省辖市和县级质量监督部门组织进行，对本地区的重要产品实行周期性的监督检验。每年由各地质量监督部门组织制定本地区的《受检产品目录》，作为年度的产品质量监督检验计划下达给各承检单位执行，对产品质量不合格的生产企业由当地质量监督部门按规定处理。

（3）市场商品的质量监督。市场商品质量监督是指依据有关法律、法规对流通领域中的产品质量进行的监督。为打击市场伪劣产品，国务院办公厅发布了《关于严厉惩处经销伪劣商品责任者的意见》和《关于严厉打击商品中掺杂使假的通知》。市场商品质量监督由此发展起来并逐步形成了正常的监督制度。

（4）全国产品质量的统一检验。简称全国统检，是由原国家标准局组织每年针对量大、面广、质量问题较多的产品，实行全国统一计划、统一标准、统一方法、统一时间和统一行动的监督检验。该质量监督是由各省、自治区、直辖市的质量监督部门负责组织实施。

2.4.2　质量认证

质量认证（conformity certification），又称合格认证。ISO/IEC 指南 2：1991 中对"认证"的定义是"由可以充分信任的第三方证实某一经鉴定的产品或服务符合特定标准或规范性文件的活动"。也就是当第二方（需方或买方）对第一方（供方或卖方）提供的产品或服务，无法判断其质量是否合格时，由第三方来判断。第三方既要对第一方负责，又要对第二方负责，做到公开、公正公平，出具的证明要获得双方的信任。因此，第三方一般都由政府部门直接担任，或者由其认可的部门或组织担任，这些部门或组织即称为"认证机构"。

通过质量认证将得到认证证书和认证标志。认证证书指的是产品、服务、管理体系通过认证所获得的证明性文件，包括产品认证证书、服务认证证书和管理体系认证证书。认证标志是指证明产品、服务、管理体系通过认证的专有符号、图案或者符号、图案以及文字的组合，包括产品认证标志、服务认证标志和管理体系认证标志。

"CNAS 认可"为中国合格评定国家认可委员会，是由国家认证认可监督管理委员会批准设立并授权的国家认可机构，统一负责对认证机构、实验室和检验机构等相关机构的认可工作。它是在原中国认证机构国家认可委员会（CNAB）和中国实验室国家认可委员会（CNAL）基础上合并重组而成的。

2.4.2.1　质量认证标志

标准的生命力在于执行和应用。标准既是产品或服务的供应方生产产品和提供服务的依据，理论上也是产品或服务的采购方认定产品或服务是否质量可靠、物有所值的依据，但实际上采购方很难有能力或精力去一一验证产品和服务是否符合标准，于是诞生了认证制度。标准是认证的基础，常见的认证包括安全认证、合格认证、质量管理体系认证、环境管理体系认证等。认证是一种信用保证形式，常见的认证有以下几种。

（1）CE（Conformite Europeenne，意为"欧洲统一"）主要对电气类产品、机械类产品、无线电和电信终端设备等产品进行认证。贴有 CE 标志的产品可在欧盟各成员国销售，从而实现商品在欧盟成员国范围内的自由流通。

（2）UL（Underwriter Laboratories Inc，美国保险商试验所）是美国最有权威的，也是世界上从事安全试验和鉴定的较大的民间机构。UL 认证主要对防盗和信号装置、电器、防火设备、空调设备、水上用品等提供认证。

（3）CCC（China Compulsory Certification，中国强制性产品认证），也称为"CCC"认证，是一种法定的强制性安全认证制度。CCC 认证主要对家用电器、汽车、医疗器械、电线电缆等 20 大类产品进行认证。

（4）BSI（British Standards Institution，英国标准学会）是世界领先的国际标准、产品测试、体系认证机构。BSI 认证种类主要有"风筝"标志认证、BS 认证标志和安全标志认证。

（5）ISO（International Organization for Standardization，国际标准化组织）是世界上最大的非政府性标准化专门机构。ISO 技术领域涉及信息技术、交通运输、农业、保健和环境等。

2.4.2.2　管理体系认证

管理体系认证不是指某一个标准，而是一组标准的统称。其中包括 ISO 9000《质量管理体系　基础和术语》、ISO 9001《质量管理体系　要求》、ISO 9004《质量管理体系　业绩改进指南》和 ISO 19011《质量和环境管理体系审核指南》。

管理体系认证适用各行各业，是对企业的一系列管理制度的规范。认证的企业意味着产品设计、采购、生产/服务、销售等各个环节都在有序受控状态，从而避免对产品质量产生不确定性的影响。实施 ISO 9000 是提高企业素质、强化质量管理的手段之一，也是建立现代企业制度，适应市场经济发展的重要组成部分。

可持续发展已经成为世界各国越来越重视的问题，国际上的绿色消费潮流也影响我国的纺织品服装出口。ISO 14000 体系就是针对一系列环境问题，依据国际经济贸易发展的需要而制定的。目前，我国的生态纺织品尚处于起始阶段，为适应国际纺织品市场的发展需要，2000 年 10 月我国推出了第一个与国际接轨的 HJBZ 30—2000《生态纺织品》标准，以应对发达国家对我国纺织品设置的技术壁垒。

ISO 14000 是环境管理体系标准的主干标准，目的是规范企业和社会团体等所有组织的环境行为，以达到节省资源、减少环境污染、改善环境质量、促进经济持续、健康发展的目的。ISO 14000 系列标准的用户是全球商业、工业、政府、非营利性组织和其他用户，与 ISO 9000 系列标准一样，对消除非关税贸易壁垒即"绿色壁垒"，促进世界贸易具有重大作用。

第 3 章　纺织品常规项目检测与评价

3.1　纱线条干均匀度与毛羽检测

［微课］纱线条干均匀度与毛羽检测

3.1.1　纱线条干均匀度与毛羽简介

纱线是柔软、细长的纤维集合体，是服装面料的构成要素之一。服用纱线要求具有一定的强力、较好的条干均匀度、适宜的毛羽和一定的捻度等。因此，条干均匀度与毛羽是纱线品质检测的重要内容。

条干均匀度也称细度均匀度，是指沿长度方向纱线粗细均匀一致的程度，是纱线品质的重要指标。理想状态下，纱线沿长度方向是粗细均匀的，实际上由于纱线中纤维随机分布或纱线加工过程中的机械作用产生了粗细不匀，即有的地方细一点，有的地方又粗一点，图 3-1 所示为纱线条干均匀度对比示意图。纱线细度不匀会给织造带来困难，出现断头、停机等现象，造成布面外观不匀、有明显疵点等问题，同时也会影响其服用性能，如衣服易破洞、易撕裂。

图 3-1　纱线条干均匀度对比示意图

图 3-2（a）所示为灰色织物的经纱或纬纱存在一段比正常纱捻度小的粗节，可能是精纺喂入粗纱时，纤维内密度不均匀，有较小密集的纤维束成纱所致。图 3-2（b）所示为黑色布面呈现接头大小的纤维团，将其拔掉纱线可能断裂，这是由于原棉纤维中存在死棉纤维团，在清花工序中没有清干净所致。

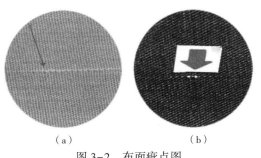

（a）　　　　　　　（b）

图 3-2　布面疵点图

彩图

毛羽是指伸出纱线主体的纤维端或纤维圈。图 3-3（a）所示的纱线基本没有毛羽，而图 3-3（b）所示的纱线则毛羽较多。毛羽的长短和多少受纤维特性、纺纱方法、工艺参数和捻度等影响。毛羽的形态视具体用途而定，表面光洁、手感滑爽和色彩明丽的织物，纱线毛羽应尽可能短而少，而对于厚重、保暖的织物，纱线毛羽则应长而多。毛羽过多会给织造带来困难，使布面毛糙、手感软涩，易起毛起球。综上所述，纱线条干均匀度与毛羽的检测对纱线生产、织染加工及产品质量意义重大。

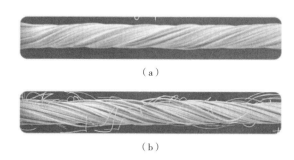

（a）

（b）

图 3-3　纱线毛羽对比示意图

3.1.2　纱线条干均匀度与毛羽的检测标准及方法

纱线条干均匀度常用的检测方法有黑板检验法、切断称重法、电容法和光电法。黑板检验法也称目光检验法，是将纱线按一定的间距均匀地绕在黑板上，颜色的反差会使纱线的均匀性反映出来，纱线粗的地方白度较大，细的地方则阴影较大。检验者按一定的距离目测，可以直接观察到疵点、粗节的多少和长短，然后与标准样照进行比较评级。切断称重法也称测长称重法，是纱线均匀度检验最基本、最简单的方法，是利用缕纱测长仪，如 YC086 型缕纱测长仪在一定张力条件下，摇取一定长度的纱线逐个称重进行统计分析，然后比较各段的重量差异，得出的平均差系数为重量不匀率，均方差系数为重量变异系数。称重记录，并计算重量不匀率和重量变异系数 CV。在条干均匀度测试中，使用较多的是乌斯特条干均匀仪，即电容法测试，原理是纤维的介电系数与空气的介电系数不同，纱线进入电容器的极板时，电容量会发生变化，当试样连续通过时，若纱线是均匀的，则电容量将是一个常数，当纱线出现质量变化时，电容量将随之变化。该信号经过放大和数据处理后，即可获得反映纱线质量的电子条干 CV 值、IPI 值等数据，以及不匀率图及波谱图等。黑板检验法参照 GB/T 9996—2008，电容法检测参照 GB/T 3292.1—2008，光电法检测参照 GB/T 3292.2—2009。

毛羽检测方法一般有烧毛称重法、人工或光电投影技术法、静电法和全毛羽光电测试法等，其中最常使用的方法为光电投影技术法和全毛羽光电测试法。纱线毛羽投影计数法参照标准 FZ/T 01086—2020。纱线条干均匀度与毛羽的检测，传统方法主要依赖手工目视。随着纺织技术的进步，检测仪器由手动功能单一化逐渐向自动化、多功能化、智能化发展。纺纱厂或检测机构使用较多的国产仪器型号有陕西长岭和苏州长风的 YG 系列，进口仪器则以瑞士乌斯特的产品为主。其中 ME100 型条干仪是乌斯特公司针对中国市场开发的，可以检测纱线粗细均匀度，同时还可以测量毛羽值的仪器，使用较为广泛。

以乌斯特 ME100 型条干仪为例来分析纱线条干均匀度与毛羽的检测原理，如图 3-4 所示，测试单元中电容式传感器的一对电容极板之间有高频电场产生。当通过两个极板间的纱线粗细出现变化，电频信号发生变化，电频信号变化与通过极板间纱线粗细的变化成比例，由计算机处理并输出结果。检测毛羽时，持续的激光照在纱体的突出毛羽上，毛羽使平行光发生散射。散射光通过透镜系统集聚在一起，由光学传感器检测。光学传感器的输出电信号与纱线的毛羽成比例，被转换成数字值，再由计算机系统分析计算输出结果。

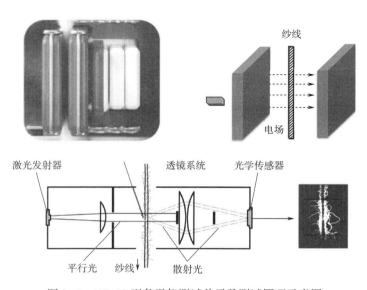

图 3-4　ME100 型条干仪测试单元及测试原理示意图

变异系数 CV 是不匀率的指标之一，其定义为在总测试长度内，纱线线密度的标准差与平均线密度之比的百分数。图 3-5 所示是不同变异系数的同种纱线织成织物的外观质量对比，可见，CV 值越小，布面效果越好。常发性纱疵，包括粗节、细节、棉结，以千米内的个数计算，就是通常所说的 IPI 值。常发性纱疵对织物的布面风格会产生明显影响，因此必须控制其数量。细节是指纱线细度减小一定幅度如 30%，并延续 5 mm 以上；粗节是指纱线细

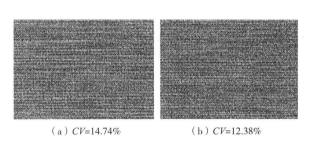

（a）CV=14.74%　　　　　　　（b）CV=12.38%

图 3-5　不同变异系数的同种纱线织成织物的外观

度增大一定幅度如 35%，并延续 5 mm 以上。棉结是紧密缠结难以松解的纤维结、粒、小球等，是纱线中很短的粗节，长度一般不超过 4 mm。

ME100 条干仪还可以给出不匀率曲线图和波谱图。不匀率曲线图是纱线粗细变化的时间域表示方法之一。如图 3-6 所示，横坐标表示从被测纱线测试起始端开始计算的长度，对应纵坐标表示被测纱线在该处粗细的相对大小。该图显示被测纱线是否存在明显的随机粗细偏差或粗细变化导致的变异。

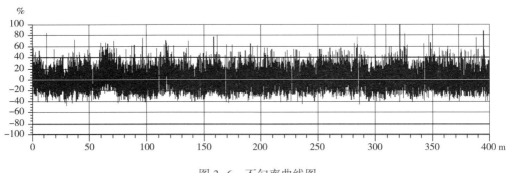

图 3-6　不匀率曲线图

波谱图是纱线粗细变化的频域表示方法之一。图 3-7 所示，横坐标以对数形式表示对应周期性不匀的波长，纵坐标以线性方式表示不匀率的程度 CV，表述了纱线的周期性变异。利用波谱图可以分析纱线产生周期性不匀的原因。理论上的波谱图曲线为一光滑曲线，如图中虚线；正常状态的实际曲线如图中实线和理论曲线基本相似但不重合。常见的异常波谱图有牵伸波不匀和机械波不匀波谱图。牵伸波在波谱图上表现为某一波长范围的"山峰"，可以根据对应波长范围，找到存在问题的牵伸工序，进行工艺调整。如图 3-8 所示，机械波在波谱图上表现为对应波长的"烟囱"状凸起，这是由于机械上的缺陷或故障引起的周期性不匀，可以根据对应的波长通过计算找出有问题的部件进行更换调整。

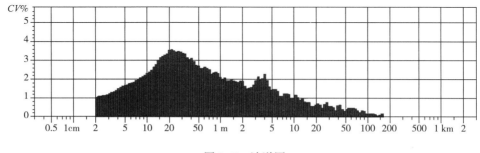

图 3-7　波谱图

ME100 条干仪检测纱线的毛羽值指标，即毛羽值 H，测量区域内 1 cm 长的纱线上突出纤维的累计长度。例如，毛羽值 H4.4 是指测量区域内 1 cm 长的纱线上凸出纤维的累计长为

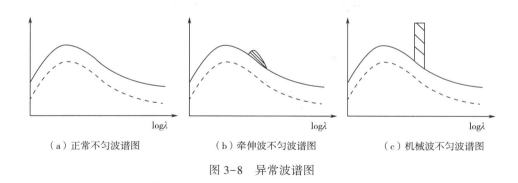

（a）正常不匀波谱图　　　　（b）牵伸波不匀波谱图　　　　（c）机械波不匀波谱图

图 3-8　异常波谱图

4.4 cm。毛羽值 H 是两个长度的比值，因此是无量纲的。图 3-9 所示是不同毛羽 H 值的同种纱线，通过黑板法观察，可见明显的毛羽差异，毛羽 H 值越大，毛羽越多。另外，毛羽 H 值标准差 sH 是纱线毛羽变异的量度，用来测定纱线是否存在任何明显的毛羽变异。

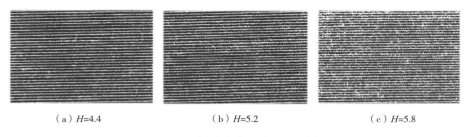

（a）H=4.4　　　　　（b）H=5.2　　　　　（c）H=5.8

图 3-9　同种纱线不同毛羽 H 值

3.2　纺织品拉伸性能检测

［微课］纺织品拉伸
性能检测

3.2.1　拉伸性能简介

纺织品在生产加工和日常使用过程中，会受到各种形式的机械外力引起损伤，外力的作用方式不同，损坏的情况不同。纱线的力学性质与其纺织工艺性能和服用性能有密切的关系，通过测试纱线在载荷作用下所表现的应力与应变关系，分析其力学特性，为制定合理加工工艺、生产优质产品提供支持。织物的拉伸性能不仅关系到织物的牢固程度与耐用性能，而且是评定织物质量的重要指标。织物具有一定的几何特征，如长度、宽度和厚度等，在不同方向上力学性质往往不相同。因此要求至少从织物的长度、宽度方向，即机织物从径向、纬向，针织物从纵向、横向两个方向分别来测试织物的拉伸性能。对于各向异性和异质复合材料，需要进行各种不同的测试，全面评价其力学性能。

衡量织物拉伸性能常用的指标有断裂强力、断裂伸长率等。断裂强力是指纺织品织物拉伸到断裂时所能承受的最大载荷。纺织材料是柔性材料，容易变形，衡量纺织材料变形能力及变形回复能力的指标，常用断裂伸长率与弹性回复率。纺织材料拉伸到断裂时的伸长量对材料原长度的百分比称为断裂伸长率。纺织材料拉伸变形而伸长，除去外力后材料因弹性自然回缩，回缩量对原伸长量的百分比称为弹性回复率，其值越大，纺织材料弹性越好。

3.2.2 拉伸性能的检测标准及方法

纺织材料拉伸力学性能的检测标准主要有 GB/T 3923.1—2013《纺织品　织物拉伸性能　第一部分：断裂强力和断裂伸长率测定（条样法）》；GB/T 3916—2013《纺织品　卷装纱　单根纱线断裂强力和断裂伸长率测定》；GB/T 14337—2022《化学纤维　短纤维拉伸性能试验方法》，GB/T 14344—2022《化学纤维　长丝拉伸性能试验方法》等。

以 GB/T 3923.1—2013《纺织品　织物拉伸性能　第一部分：断裂强力和断裂伸长率测定（条样法）》为例，采用 Instron 5967 材料试验机进行拉伸试验，如图 3-10 所示。Instron 5967 材料试验机主要由精密测量系统、驱动系统、控制系统、计算机软件系统等组成，可精确测量纺织品的拉伸力学性能。检测原理为在标准温湿度下，采用单向受力拉伸的方法，将载荷传感器安装到横梁上，然后将一对夹具安装到载荷传感器和机架底座上，用夹具固定织物样品，开始试验后，横梁向上移动，从而向试样施加拉伸载荷直至试样断脱，系统同步采集记录其承受的断裂强力和对应的断裂伸长，绘出强力—伸长拉伸曲线，并同步实时采集织物拉伸的原始数据并输出测试结果。

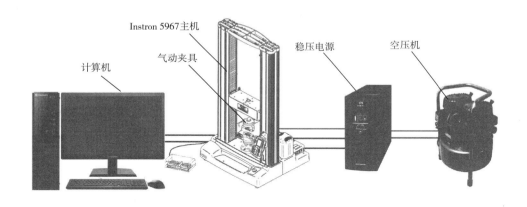

图 3-10　织物拉伸试验系统

根据样品类型选择拆去边纱条样法或剪切条样法取样。从样品上剪取两组试样，一组为经向（纵向），另一组为纬向（横向）。试样有效宽度是 50 mm，长度要满足夹持距离 200 mm，如果试样的断裂伸长率大于 75%，隔距长度取 100 mm。试样距离布边至少 150 mm，样品的径向和纬向分别裁取至少 5 块试样。试样在标准大气［温度（20±2）℃，相对湿度（65±5）%］环境下至少调湿 24 h。进行湿润试验，将试样放在温度（20±2）℃，符合 GB/T 6682—2008 规定的水中浸渍 1 h 以上；调整强力试验机的参数，设定预加张力。样品装好后在设定的拉伸速度拉伸试样至断裂，分别计算试样的平均断裂强力和断裂伸长率。

测试流程为启动系统，系统开机自检待设备初始化通过后，启动软件打开程序主界面，选择试验进入测试菜单，选择试验方法，其中包含试验所需的设置和参数。根据软件中设置的试验，调节夹持距离，校准材料试验机零位，横梁停止或返回到标距位置。在确保横梁处于静止状态并且已经设置试验参数后，标定传感器，设置限位器。根据标准规定，以织物单位面积质量来确定张力值，选取预加张力。设置好参数后夹持试样，在安装样品时确保夹持试样纵向轴线与钳口线成直角。开始试验进入自动控制，以恒定的拉伸速度拉伸试样至断裂。记录每个试样的载荷—拉伸曲线，同步采集实时数据并实时计算断裂强力及断裂伸长率。分析试样拉伸各个阶段曲线，选定原始数据，软件将自动地对各项数值进行比较和运算，分别得出相关数据，也可进行图形的辅助分析。

随着科学技术的进步，新型生物材料得到广泛的应用，我们可以通过分析生物材料拉伸试验数据，选择力学性能良好的材料，采用合理工艺生产出优质功能性产品，满足人民对美好生活的需求。进行生物材料拉伸试验，需要有效避免样品侧向受损甚至样品切断，根据样品特点及时调整参数来获得正确的检测结果。

3.3　纺织品撕破性能检测

[微课] 纺织品撕破
性能检测

3.3.1　撕破性能简介

撕破强力和拉伸强力相同，也是一项纺织品物理性能的测试指标。撕破强力是指在规定条件下，使试样上初始切口扩展所需要的力。撕破性能的测试不仅适用于纺织品、非织造布、纸张、纸板、薄膜、编织材料以及聚合物薄膜等材料均可适用。

3.3.2　撕破性能的检测标准及方法

纺织品撕破性能的检测标准主要有 GB/T 3917—2009，其中包含 5 种检测方法，分别为冲击摆锤法、裤形试样法、梯形试样法、舌形试样法和翼形试样法。目前，市面上最常用的两种检测方法为冲击摆锤法与裤形试样法。第一种方法是按照仪器的测试方法来命名，第一种有专用的摆锤法测试设备，其他四种是用试样的制样方法来命名。主要使用通用的等速强力机也叫万能材料试验机。

3.3.2.1　冲击摆锤法

冲击摆锤法，又叫 Elmendorf，主要原理为试样固定在夹具上，将试样切开一个切口，释放处于最大势能位置的摆锤，可动夹具离开固定夹具时，试样沿切口方向被撕裂，将撕破织物一定长度所做的功换算成撕破力。主要适用于机织物，也可适用于其他工艺生产的织物如非织造布的测量，但不适用于针织物、机织弹性织物以及有可能产生撕裂转移的稀疏织物、具有较高各向异性的织物和测试力值超量程的织物。

试样取样方法如图 3-11 所示，需要在整幅织物上裁剪经纬向各 5 块试样，试样要离布边

25

150 mm，每两块试样不能包含同一长度或宽度方向的纱线。准备好的试样需要在标准大气下平衡 24 h。试样的尺寸是 100 mm×75 mm，凹字形试样，凹槽的尺寸为 12 mm×15 mm，对边中线用小刀切一个（20±0.5）mm 的切口。有些仪器可以自动切口，但要注意切口过大过小都会影响测试数据的准确性，余下的撕破长度为（43±0.5）mm。

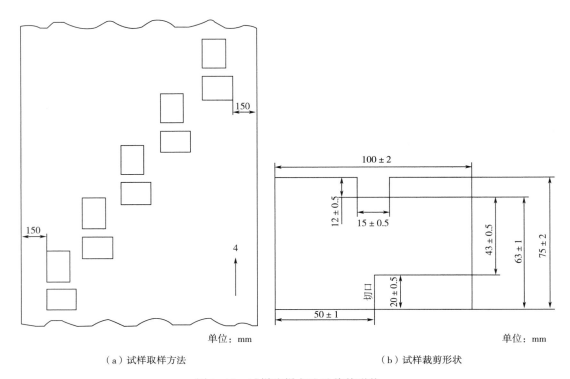

（a）试样取样方法　　　　　　　（b）试样裁剪形状

图 3-11　试样取样方法及裁剪形状

目前市面上主要有手动式和自动式两种测试设备，如图 3-12 所示。手动式通过更换重锤来改变测试量程，通过指针读数以及手动切口，其测试量程分别为 16 N、32 N、64 N（不放重锤最大测试量程是 16 N，放上 A 锤 32 N，放上 B 锤 64 N），手动测试设备最大量程为 64 N。自动测量仪也是通过更换重锤来改变测试量程，一般也有 ABC 三种重锤，可以通过重锤的组合与放置力臂的位置来改变量程，最大测试量程为 300 N，也是冲击摆锤法能够测到的最大力值。标准规定每次测试须保证测试结果落在相应标尺满量程的 15%～85% 范围内，方为有效测试。例如，使用手动测试仪，第一次测试不放重锤，最大量程为 16 N，测试结果读数为 15 N，并不在 16 N 的 15%～85% 的区间内，那么此次测试无效，需要增加 A 锤切换成 32 N 的量程重新测试。常规织物一般力值都在 64 N 以内，军用织物或者高强纤维织物的撕破强力能达到 200～300 N。如果超过 300 N，就不能使用冲击摆锤法测试，可选用裤形试样法。

3.3.2.2　裤形试样法

裤形试样法的检测原理为夹持裤形试样的两条腿，使试样切口线在上下夹具之间呈直线。开动仪器将拉力施加于切口方向，记录直至撕裂到规定长度内的撕破强力，并根据自动绘图装

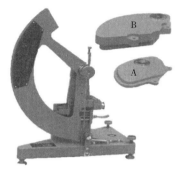

（a）手动测试仪，16 N；32 N；64 N　　　　（b）自动测试仪，0~300 N

图 3-12　冲击摆锤法撕破强力测试仪器

置绘出的曲线上的峰值或通过电子装置计算出撕破强力。裤形试样法和冲击摆锤法最大区别是冲击摆锤法测到的是单一力值，而裤形试样法可以获得力学曲线，了解纱线撕破的峰谷值。

　　裤型试样法裁剪方法和冲击摆锤法的类似，需要在整幅织物上裁剪经纬各 5 块试样，一样要离布边 150 mm 以上。准备好的试样需要在纺织标准大气下平衡 24h。裤型法试样尺寸为 200 mm×50 mm，每个试样应从宽度方向中线切口 100 mm，平行于长度方向，在样条中间距未切割（25±1）mm 处标出撕裂终点。

　　裤形试样法需要使用万能强力试验机来测试，测试时将试样的每条裤腿各加入一只夹具中，切割线与夹具中心线对齐。夹具之间的长度设定为 100 mm，上下夹具的夹持长度保持一致。拉伸速度为 100 mm/min，观察撕破是否沿所施加力的方向进行以及是否有纱线从织物中滑移而不是被撕破，剔除有问题的实验结果或重新测试。测试结果如不能自动给出，就需要手动计算，分割峰值曲线，如图 3-13 所示，从第一个峰开始至最后等分成四个区域，第一个

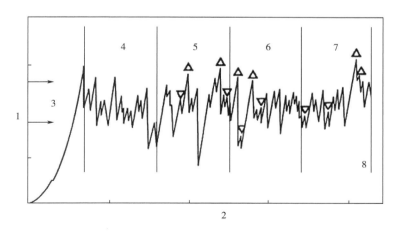

图 3-13　裤型法测试结果的计算

1—撕破强力　2—撕裂方向（记录长度）　3—中间峰值大概范围

4—舍去区域　5—第 1 区域　6—第 2 区域　7—第 3 区域　8—撕裂终点

区域舍弃不用，其余三个区域选择并标出两个最高峰和最低峰，计算峰值两端的上升力值和下降力值至少为前一个峰下降值或后一个峰上升值的 10%。根据标记的峰值计算每个试样 12 个峰值的平均值。

3.4　纺织品耐磨与起毛起球性能检测

［微课］纺织品耐磨与
起毛起球性能检测

3.4.1　耐磨性能简介

织物的磨损是指织物与织物之间或与其他物质之间反复摩擦，织物逐渐磨损破损的现象。耐磨性能是纺织产品质量的一个重要指标，直接影响产品的耐用性和使用效果。纺织产品的磨损主要表现在五个方面：①摩擦过程中纤维之间不断碰撞，纱线中的纤维片段因疲劳性损伤出现断裂，导致纱线的断裂。②纤维从织物中抽出，造成纱线和织物结构松散，反复作用下纤维可能完全被拉出，致使纱线变细，织物变薄，甚至解体。③纤维被切割断裂，导致纱线断裂。④纤维表面磨损，纤维表层出现碎片丢失。⑤摩擦产生高温，使纤维产生熔融或塑性变形，影响纤维的结构和力学性质。磨损表现在织物形态变化主要是破损、质量损失、外观出现变色、起毛起球等变化。

3.4.2　耐磨性能的检测标准及方法

纺织品耐磨性能的检测方法有很多，如平磨法、曲磨法、折边磨法和复合磨法等。马丁代尔法属于平磨法的一种，因更接近人们的实际服用过程而被广泛应用于服装、家用纺织品、装饰织物、家具用织物的耐磨性检测。

纺织品耐磨性能测试标准主要有 GB/T 21196.2—2007《纺织品　马丁代尔法织物耐磨性的测定　第 2 部分：试样破损的测定》；GB/T 21196.3—2007《纺织品　马丁代尔法织物耐磨性的测定　第 3 部分：质量损失的测定》；GB/T 21196.4—2007《纺织品　马丁代尔法织物耐磨性的测定　第 4 部分：外观变化的评定》。中国国家标准修改采用国际标准化组织标准，检测方法基本上等同国际标准化组织标准规定，只是标准的适用范围增加了涂层织物，并针对涂层织物的检测，增加相应的涂层织物破损规定、摩擦负荷参数、标准磨料和标准磨料更换要求。

织物破损的确定条件为机织物中至少两根独立的纱线完全断裂；针织物中一根纱线断裂，造成外观上的破洞；起绒或割绒织物表面绒毛被磨损至露底或有绒簇脱落；非织造织物因摩擦造成孔洞，其直径≥0.5 mm；涂层织物的涂层部分被破坏至露出基布或有片状涂层脱落。织物耐磨性能一般从以下三个方面进行检测和评价。

（1）试样破损的测定。夹具内试样在一定的负荷下，以轨迹为李萨茹（Lissajous）曲线平面运动与磨料进行摩擦，以试样出现破损时总摩擦次数确定织物的耐磨性能。

（2）质量损失的测定。夹具内试样在一定的负荷下，以轨迹为李萨茹曲线平面运动与磨料进行摩擦，以试样在特定的摩擦次数、摩擦前后的质量差别来确定耐磨性能。

（3）外观变化的评定。夹具内试样在一定的负荷下，以轨迹为李萨茹曲线平面运动与磨料进行摩擦，以摩擦前后试样的外观变化来确定织物的耐磨性能。

3.4.3　起毛起球性能简介

在纺织品的各种性能要求中，起毛起球是最直观反映出面料性能好坏的重要质量指标之一，也是消费者最为关心的性能之一，直接影响穿用者的心情与感受，一旦织物出现起毛起球现象，衣物的价值就会大打折扣，严重影响消费者对品牌的信任度。

起毛起球是一个复杂的动态过程，是指织物在染整加工和日常服用过程中受到弯曲、拉伸及各种外力的摩擦作用，纤维末端游离在织物表面而缠结成球的现象。关于织物起毛起球过程的研究，研究者认为整个起毛起球过程可以分为三个阶段，如图 3-14 所示。

（1）起毛。即织物由于受到各种机械摩擦作用，表面的纤维末端滑动而松散，纤维从织物表面显露出来，呈现出许多绒毛。

（2）起球。当显露在织物表面的纤维绒毛达到一定长度后，因不断的摩擦、反复伸长和回缩使得绒毛相互纠缠成球的形状附着在织物表面。

（3）球体脱落。随着绒毛的进一步相互缠结，球体逐渐变得更加紧实，当球体所受的摩擦力大于绒毛受到的来自纱线中的摩擦阻力时，绒毛从纱线组织结构中抽拔出来，球体脱落。而 Cooke 提出将起球过程分为四个阶段，即形成绒毛、缠结成球、球体增长和球体掉落，该法基于起毛起球各个阶段机理的不同，将球体的形成过程更加细化。

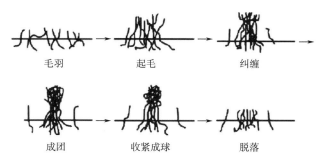

图 3-14　起毛起球形成过程

3.4.4　起毛起球性能的检测标准及方法

起毛起球是消费者和生产企业共同关注的重要问题，了解起毛起球性能不同检测方法的测试原理，运用适当的方法对织物的起毛起球性能进行检测很有必要。目前，国内测试纺织品起毛起球性能的标准分为四个部分：GB/T 4802.1—2008《纺织品　织物起毛起球性能的测定　第 1 部分：圆轨迹法》、GB/T 4802.2—2008《纺织品　织物起毛起球性能的测定　第 2 部分：改型马丁代尔法》、GB/T 4802.3—2008《纺织品　织物起毛起球性能的测定　第 3 部分：起球箱法》和 GB/T 4802.4—2020《纺织品　织物起毛起球性能的测定　第 4 部分：随机翻滚法》。

织物起毛起球性能的四种试验方法见表 3-1。可以看出，圆轨迹法、马丁代尔法、起球箱法和随机翻滚法这四种方法用到的试验仪器各有不同，但是起球的机理基本一致，都是通过模拟实际穿着的过程对织物进行起毛起球试验，按规定方法摩擦试验结束后对织物的起毛、起球和毡化性能进行视觉评定。

表 3-1　织物起毛起球性能的检测方法

方法及标准	试验方法
圆轨迹法 GB/T 4802.1—2008	按规定方法和试验参数，采用尼龙刷和织物磨料或仅用织物磨料，使试样摩擦起毛起球，然后在规定光照条件下对起毛起球性能进行视觉描述评定
马丁代尔法 GB/T 4802.2—2008	在规定的压力下，圆形试样以李莎茹图形的轨迹与相同织物或羊毛织物磨料织物进行摩擦。试样能够绕与试样平面垂直的中心轴自由转动。经规定的摩擦阶段后用视觉描述评定
起球箱法 GB/T 4802.3—2008	安装在聚氨酯管上的试样，在恒定转速衬有软木的木箱内任意翻转。经过规定的翻转次数后对起毛起球性能进行视觉描述评定。对样品进行的任何特殊处理（如水洗、清洁）应经相关方同意并应在试验报告中说明
随机翻滚法 GB/T 4802.4—2020	在规定条件下，使试样在铺有内衬材料的圆筒状试验舱中随机翻滚。经过规定的测试时间后，对织物的起毛起球和毡化性能进行视觉评定

四种检测标准对应四种检测方法，满足各类不同用途纺织产品的测试需求。不同检测方法所对应的检测仪器设备如图 3-15 所示。

（a）圆轨迹法

（b）起球箱法

（c）改型马丁代尔法

（d）随机翻滚法

图 3-15　织物起毛起球性能检测仪器

不同检测标准对样品的制备要求具体见表 3-2。从表 3-2 中可以看出，四种起毛起球测试方法的取样数量及样品的形状和尺寸要求均不相同。这是由于样品的材质不同、起毛起球仪模拟摩擦过程的方式不同导致。四种方法取样均要求试样之间不应包括相同的经纱和纬纱，并在取样的过程中尽可能小地产生拉伸应力，防止对样品本身的纤维状态产生破坏，影响试验结果。

圆轨迹法中根据样品材质及用途的不同，给出六种起毛起球的试验要求可供选择和参考，其压力、起毛次数及起球次数根据面料的不同均有调整。起球箱法测试起毛起球标准中也给出了试验建议，粗纺织物翻转 7200 r，精梳织物翻转 14400 r。改型马丁代尔法和随机翻滚法中未提供试验建议，但统一了试验方法。马丁代尔法运行轨迹和磨料（羊毛或织物本身）统一，试验过程中影响因素相对较少，测试结果稳定，且摩擦试验结果分阶段报出，更能准确反映织物起毛起球的变化过程。

表 3-2　不同检测标准的试样制备要求

标准编号	样品数量	样品形状及尺寸要求	样品数量
GB/T 4802.1—2008	5 个	圆形（113±0.5）mm	5 个
GB/T 4802.2—2008	3 组 每组 2 块	圆形（1400±5）mm； 方形（150±2）mm	3 组 每组 2 块
GB/T 4802.3—2008	2 个横向 2 个纵向	方形 125 mm×125 mm	2 个横向 2 个纵向
GB/T 4802.4—2020	4 块（B 方法取 6 块）	方形 100 mm×100 mm；圆形 100 cm^2	4 块（B 方法取 6 块）

织物起毛起球评定可分为主观评定和客观评定两类。主观评定是指将测试样表面呈现的毛球与标准实物样照进行对比并目测评级，主要包括标准样照对照法、文字描述法、毛球切割称重法以及起球曲线法等；客观评定是指采用仪器设备对测试样表面的绒毛和毛球相关参数进行提取和表征，主要包括基于起球织物灰度图像的分析方法和基于起球织物距离图像的分析方法。

（1）标准样照对照法。在标准光源条件下，将摩擦试验后的起球试样与标准样照进行对比，根据目测情况确定起球等级，一般分为五级，级数越小，起毛起球越严重，当结果介于相邻两个级数之间时，可评半级，这是目前在实际生产和贸易中广泛使用的起毛起球主观评定方法。

（2）文字描述法。用文字描述将布面毛球的情况表述出来，可分为五个等级，见表 3-3。文字描述是一个相对模糊的概念，无法定量分析，不同实验人员对于织物起球的描述可能有很大的差别。

表 3-3　起毛起球等级描述

级数	状态描述
5	无变化
4	轻微起毛和（或）轻微起球

级数	状态描述
3	中度起毛和（或）中度起球，不同大小和密度的球覆盖试样的部分表面
2	明显起毛和（或）中度起球，不同大小和密度的球覆盖试样的大部分表面
1	严重起毛和（或）中度起球，不同大小和密度的球覆盖试样的整个表面

（3）毛球切割称重法。摩擦试验后，剪下起球试样布面的所有毛球，进行计数和称重，通过计算出单位面积上毛球个数和质量来表征织物起球等级。

（4）起球曲线法。起球曲线可以用来评定织物的起球程度、成球速度、毛球脱落快慢程度等特征，进而了解织物起毛→起球→毛球脱落的全过程。

（5）图像处理法。图像处理法是模拟人工评级的一种现代化客观评价方法。主要分为两类：一是基于起球织物灰度图像的计算机视觉评估（二维图像分析）；二是基于起球织物表面形态高低起伏信息的计算视觉评估（三维图像分析）。

3.5　纺织品洗涤和干燥后尺寸变化率检测

［微课］纺织品经家庭
洗涤后尺寸变化检测

3.5.1　洗涤和干燥后尺寸变化率简介

水洗尺寸变化率是服装的一个重要的质量指标，因此绝大多数服装标准将水洗尺寸变化率作为重要的考核指标。水洗尺寸变化率是指服装经水洗和干燥后，其长度和宽度方向上的尺寸变化，通常表示为原始尺寸变化的百分率。水洗尺寸变化率直接影响服装造型的稳定性及服装的美观性，从而影响服装的使用和穿着效果。

3.5.2　洗涤和干燥后尺寸变化率的检测标准及方法

目前，国际上对纺织品尺寸变化率的测试标准主要有两种：一是国际化标准组织 ISO 系列标准；二是美国染化家协会的 AATCC 135《织物经家庭洗涤后的尺寸变化试验方法》。我国相关检测标准为 GB/T 8628—2013《纺织品　测定尺寸变化的试验　织物试样和服装的准备、标记及测量》、GB/T 8629—2017《纺织品　试验用家庭洗涤和干燥程序》和 GB/T 8630—2013《纺织品　洗涤和干燥后尺寸变化的测定》，分别等效于 ISO 系列相关标准。

水洗尺寸变化率检测原理为所检样品按照 GB/T 6529—2008 规定的大气条件进行预调湿并测量尺寸，按照 GB/T 8628—2013 和 GB/T 8629—2017 的有关规定进行样品准备，试验和干燥，再次调湿，测量其尺寸，并计算尺寸变化率。AATCC 135 中涉及的设备和材料主要有：自动洗衣机、自动滚筒式烘干机、调湿和干燥样品的网架、样品滴干或挂干的架子、AATCC 1993 标准洗涤剂、尺寸为 920 mm×920 mm 的 1 型陪洗织物（缝边的漂白棉布）或 3 型陪洗织物（混纺比为 50：50 的涤棉漂白平纹织物）、持久性记号笔、测量工具、天平或台秤。

（1）取样与测量准备。试样应具有代表性、无疵点。距布边大于幅宽 1/10 以上取 3 块试样，每块试样，应包含不同长度和宽度方向上的纱线，若织物不够，则取一个或两个样品。裁样之前，标出试样长度方向。将试样放在温度为（21±1）℃，相对湿度为（65±2）%的环境中，平铺在筛网或打孔架子上至少 4 h。取样与选样部分，国标 GB/T 8628—2013 的要求与 AATCC 135 基本相同。试样原始尺寸的测量应将试样平放在测量台上，测量每对标记点的距离并做好记录。对于窄幅试样，若对宽度方向进行了标记则也要测量并记录。

（2）洗涤。将待洗试样放入洗衣机，加入足量的陪洗物使总负荷为（1.8±0.1）kg 或（3.6±0.1）kg，选择合适的水位和洗涤温度，并加入相应质量的 AATCC 标准洗涤剂，按设定好的洗涤程序及时间进行洗涤。当采用程序 A、B 或 D 干燥的样品，脱水处理后迅速将样品取出，将缠在一起的样品分开，要减小样品的扭曲，并进行相应的干燥程序。GB/T 8629—2017 中对所有类型标准洗衣机，总洗涤载荷（试样和陪洗物）应为（2.0±0.1）kg，洗涤程序则按照产品标准规定进行选择。所用洗涤剂的种类和用量，依据洗衣机的型号而定。

（3）干燥。AATCC 135 规定了四种干燥程序。当样品采用程序 C 滴干法进行干燥，应在最后一次漂洗结束将要开始排水之前，停止洗衣机，取出样品，进行滴干法的干燥程序。GB/T 8629—2017 规定了六种干燥程序，在洗涤程序结束后，立即取出试样，选择干燥程序进行干燥。若选择滴干，洗涤程序应在进行脱水之前停止，即试样要在最后一次脱水前从洗衣机中取出。此外，GB/T 8629—2017 中对于悬挂晾干、平摊晾干、平摊滴干和平板压烫，即为了后续试验，干燥程序的环境条件可按 GB/T 6529—2008《纺织品调湿和试验用标准大气》。

（4）调湿和尺寸测量。将洗涤和烘干后的试样，平铺在网架或带孔架子上，在温度为（21±1）℃，相对湿度为（65±2）%的环境中至少放置 4 h。将调湿后的试样，放在测量台上轻轻抚平褶皱，避免扭曲试样，测量并记录每对标记点间的距离并精确到毫米。试样经过一次洗涤和干燥处理后，计算其尺寸变化率，若结果在规定要求范围内，则继续进行试验，直至预定的循环全部完成。若结果超出了规定要求范围，则停止试验。

测试时注意以下几点：①洗涤过程中漂洗的水温应低于 29 ℃，若温度高于 29℃，须在报告中注明实际水温；②在使用软水水质的地区，应适当减少洗涤剂的使用量，以避免出现泡沫过多的现象；③使用干燥方法 B、C 或 D 的样品，避免用热风直接吹，以减少样品变形；④计算尺寸变化结果时，原始平均尺寸和洗后平均尺寸，都是各个方向所有测量结果的平均值，分别计算长度和宽度方向的尺寸变化，精确到 0.1%。

3.6 纺织品颜色检测

［微课］纺织品
颜色检测

3.6.1 纺织品颜色简介

在日常生活中，为了让纺织品具有吸引力会设计并生产出各种具有独特颜色的纺织品。我们看到的颜色是人对特定光线到达眼睛后的一种生理感觉，它是一个主观评价的心理物理量，但是颜色会因环境因素、不同观察者主观因素等原因得到不同的主观反映。因此需要在统一的光源下用专用仪器模拟人眼的看色过程，对颜色特性进行量化，提高颜色评价的客观性和准确性。

纺织品颜色是非常重要的一项检测评价指标，因为从服装设计、工艺设计、面料采购、印染生产及成衣检测等环节都有对应的颜色指标要求。在颜色的仪器测量产生之前，先有了色度学的研究。所谓色度学就是研究颜色的视觉规律、颜色的测量及判别的科学。色度学经历了从光到颜色模型的发展历程，这是当今颜色测量仪器的理论基础。基于色度学的理论基础，仪器测色就可以采用标准色度观察者的光谱三刺激值，代表人眼的平均颜色视觉特性，形成仪器测色系统，可以识别、配制、测量颜色，辨别出相似颜色之间的细微差别。

3.6.2 纺织品颜色的检测标准及方法

纺织品颜色特性可以用光源、物体和观察者三个要素来确定，是一个综合评价特征。仪器测色就是分别对这三个特征进行量化的过程，积分球式分光光度仪测色原理如图 3-16 所示。

首先是光源。在不同的光源下看到的物体颜色完全不一样，光源本身的特性是由自身的光谱分布特征决定的。比如模拟太阳的 D_{65} 光源和商场中的 F 光源光谱形状完全不一样。仪器会根据不同的场景需要设置不同的光源。其次是物体。之所以能看到不同物体具有不同的颜色，是因为这些物体选择性吸收一些波长的入射光，反射或透射了其他波段的波长，形成不同的颜色。例如，苹果吸收了紫色、绿色光，转换能量反射橙色和红色光。因此可以用色样的反射率值表征色样的颜色，对于不同颜色的物体，反射率就如同每个人的身份证号码，独一无二。最后是观察者。测试系统中的观察者，实质是一组标准的配色函数。这组配色函数是通过一些正常色观察者统计得出的与人眼的结构相关。10°观察者具有更为严密的统计基础，因此目前在测试过程中多选用10°观察者测量。当仪器将颜色感知物体的三要素分别量化以后，就可以计算得到色度学 XYZ 三刺激值。

颜色测量的仪器多采用积分球式原理，因为它们可以将物体外观的镜面光成分纳入或排除在外。对评估测量物体的颜色，甚至评估测量物体的外观而言都非常重要。积分球式分光光度仪的内部实际上是球形的。当光源照射在设备内部的白色哑光表面上，使光线向各个方向自由散射。这一过程在瞬间会重复数千次，从而形成对物体均匀的漫射照明。然后，检测器会接收到从物体表面以 8°反射回来的光线，仪器经过计算给出颜色的色度指标参数，从而得到准确的颜色。

仪器得到的 XYZ 值会根据不同的公式计算出颜色的色度特征指标 L^*、a^*、b^*、C^*、H^*，如图 3-17 所示。通过这五个色度指标，所有的色彩都可以在这个空间中找到，其中垂直方向 L 是明暗轴，a 是红绿轴，b 是黄蓝轴，从轴心向外辐射是彩度，绕轴旋转的是颜色色相。L 的数值在 0~100，越接近 0 颜色越暗，越接近 100，颜色越亮。当 a 为正数时，代表偏红光；当 a 为负数时，代表偏绿光。b 正数代表黄光，负数代表蓝光。C 是彩度，数值越大，颜色越深，饱和度越大。色相代表可感知的颜色，如我们可以感知到的红、黄、蓝等颜色，值在 0~360°。

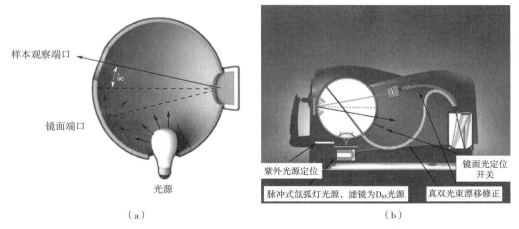

（a）　　　　　　　　　　　　　　　　　（b）

图 3-16　积分球式分光光度仪测色原理

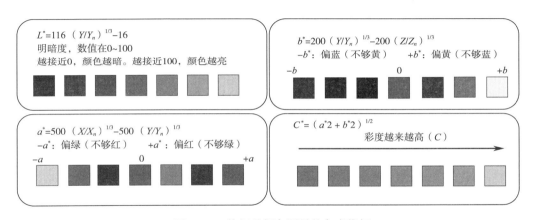

图 3-17　纺织品颜色测量的色度指标

纺织品颜色检测标准有 GB/T 3979—2008《物体色的测量方法》、GB/T 8424.3—2001《纺织品　色牢度试验色差计算》等。最常用的就是色差测量，色差是两个颜色彼此间的差异值，是在色彩空间中表示两个色样彼此之间的距离差异。

关于色差测量也有很多公式，其中 CIELab 色差公式在色相、明度、彩度方面它与人眼的吻合度较差。在同等的色彩空间内，某一颜色与邻近的颜色差，差异会较大。CMC（$l:c$）色差是通过调节 l、c 值，调整明度和饱和度对总色差的影响程度。对于纺织品：$l=2$，$c=1$，比其他公式具有更好的目视一致性。ΔE 是使用毕达哥拉斯数学法则计算出的总色差，并不指示色差的方向，通常不足以客观解释颜色差异，因此当需要精确表达色差时，必须使用独立的 a^*、b^*、C 等参数，可以测量颜色表面深度。K/S 值越大说明样品的表面颜色越深，样品表面的染料浓度越大。K/S 值越小，说明织物染得的颜色越浅，样品表面染料的浓度越低。

彩图

3.7 纺织品透气和透湿性能检测

3.7.1 透气和透湿性能简介

织物透气和透湿性能是人们衣服穿着舒适性的重要测试指标，也是纺织品功能性测试的常规项目。纺织品的透气性是指空气透过织物的性能。在规定的试验面积、压降和时间条件下，气流垂直通过试样的速率，一般用毫米每秒（mm/s）来表示。纺织品透湿性是指汗气透过织物的性能，又称透水汽性，是体现对人体散热发汗时维持身体产热和散热的热平衡能力指标之一。国标、欧标、美标、日标都有透湿测试标准，这些标准都是测试透湿率指标。透湿率（WVT）是指在试样两面保持规定的温湿度条件下，规定时间内垂直通过单位面积试样的水蒸气质量，以克每平方米小时 $[g/(m^2 \cdot h)]$ 或克每平方米24小时 $[g/(m^2 \cdot 24 h)]$ 为单位。

3.7.2 透气性能的检测标准及方法

织物的透气性能对应的检测标准是 GB/T 5453—1997《纺织品 织物透气性的测定》。检测原理是在规定的压差条件下，测定一定时间内垂直通过试样给定面积的气流流量，计算出透气率。气流速率可直接测出，也可通过测定流量孔径两面的压差换算而得。

图 3-18 织物透气性能测试仪

图 3-18 所示为织物透气性能测试仪，测试仪器需具有试验面积为 5 cm²、20 cm²、50 cm² 或 100 cm² 的圆形通气孔，试验面积误差不超过±5%。对于较大试验面积的通气孔应有适当的试样支撑网。调整压降为 50 Pa、100 Pa、200 Pa 和 500 Pa。标准推荐试验面积为 20 cm²，压降 100 Pa 可用于服用织物，200 Pa 可用于产业用织物。在做透气性实验时至少取 1 m 的熨烫平整的整幅织物试样，在标准大气条件（20 ℃，65% RH）下平衡 24 h 后方可用于测试。

测试过程中在"测试界面"的测试方式中选择自动模式；在自动模式下，自动选择喷嘴孔径（目前市面上的透气仪基本都有全自动功能）；如果选择手动模式，则需要手动选择喷嘴孔径。放置试样，压下压杆，开始测试，测试完成后自动停止。同一样品不同部位重复测定至少 10 次。

3.7.3　透湿性能的检测标准及方法

织物透湿性能的检测主要遵循两个标准，分别为 GB/T 12704.1—2009《纺织品　织物透湿性试验方法　第 1 部分：吸湿法》和 GB/T 12704.2—2009《纺织品　织物透湿性试验方法　第 2 部分：蒸发法》。检测原理为在恒温恒湿的环境中，将试样覆盖在放有水的试样皿上，经过一定时间后水汽从固定的试样面积中透出，称取透过的水汽重量，计算水汽透过率及水蒸气透过指数。

透湿性能检测方法分为吸湿法（干燥剂）和蒸发法（正杯法和倒杯法）。吸湿法是指将盛有吸湿性干燥剂并封以织物试样的透湿杯放置于规定温度和湿度的密封环境中，根据一定时间内透湿杯质量的变化（干燥剂吸收水分）计算出试样透湿率。蒸发法是指将盛有一定温度蒸馏水并封以织物试样的透湿杯放置于规定温度和湿度的密封环境中，根据一定时间内透湿杯质量的变化（水分挥发）计算出试样透湿率。蒸发法分为正杯法和倒杯法。正杯法在测试过程中，将透湿杯水平放置在仪器上；倒杯法则是将透湿杯倒置在仪器上，让蒸馏水与测试面料的反面直接接触。两种方法的区别在于，一是测试水分挥发的量，二是测试吸收水分的量，两者均是考核汗气通过面料的性能。

我国现有织物透湿量测试仪器基本采用外称技术。"外称"是指试样与透湿杯整体在规定温湿度仪器（即是一个调温调湿箱）下放置一定时间，然后取出到外部环境中称量的测试技术。测试过程中人为环节较多，影响了测试准确性。瑞士 TEXTEST 研发的全自动测试仪，是一款内称法测试仪器。"内称"即是试样直接在仪器中称重测量，无须取出称量的新型测试技术，这种技术减少了人工取样称量的测试环节，避免了人为误差。

图 3-19 所示是内称法测试箱体内部构造。测试箱体中间是带杯托位的转盘，后方为通风口，主要有三个作用：一是为了模拟环境风；二是为了把后端 PTC 发热板的热量导入测试箱体内；三是导入干湿空气从而控制温湿度。中间旋转圆盘上有放置透湿杯的杯托，透湿杯体恰好可以卡在杯托上，方便称重时精确定位，右侧凸起的天平托盘进行自动称重。普通天平受温湿度与箱体内风速影响较大，很难直接放入温湿度变化的环境中。内称测试仪的自动称重部件直接放入测试箱内部是与普通外称测试仪的最大区别。内称测试仪只是把托盘暴露于箱体内，而天平主机放置在箱体之外，这样的设计避免了天平核心应变片受影响。

图 3-19　内称法透湿测试箱体内部构造

外称测试仪本身不具备称重功能，需要另配天平来对样品进行称重。外部称重操作简便、天平显示直观。除了天平的精度外部温湿度的变化也会对样品产生较大影响，从而影响了最终测试结果。"内称"测试仪是软件控制自动内部称重，不受人为操作影响，但无法像手动测试一样对天平进行调零或多次称量取平均值，其所有称量过程都是自动完成，且每次称量只进行一次，这就要求每次测量稳定而准确。实际测试过程中，称量结果除了受到温湿度影响，还受到箱体内风速的影响。

透湿率测试采用的是 6 cm 直径的圆形试样，面积为 28.3 cm²。蒸发法的温、湿度为分别为 38 ℃、50%，透湿杯里面的水往外蒸发。吸湿法温湿度分别为 38 ℃、90%，透湿杯里面的干燥剂吸收环境中的水分。透湿率等于一定时间内质量与面积之比，透湿率的计算公式为：

$$WVT = \frac{\Delta m - \Delta m'}{A \cdot t} \tag{3-1}$$

其中，WVT 为透湿率，g/（m²·h）；Δm 为透湿杯与试样整体两次称量的质量差，g；$\Delta m'$ 为空白试样两次称量的质量差，g，不做空白试样时 $\Delta m' = 0$；A 为有效测试面积，m²；t 为两次间隔的时间，h。

3.8　纺织品热阻和湿阻性能检测

［微课］纺织品热阻
和湿阻性能检测

3.8.1　热阻和湿阻简介

随着生活水平的提高和技术的发展，创新的纺织技术和多样化的生活方式改变了人们对纺织品的需求。纺织品的舒适性，尤其是热湿舒适性已经成为大家的关注点。影响服装热湿舒适性的指标主要是服装的透热性能（热阻）和透湿性能（湿阻）。

热阻是指织物两面的温差与垂直通过织物单位面积的热流量之比，反映了织物阻碍热量通过的能力，热阻值越大，热量就越难通过，保暖性能就越好。目前国际上习惯用克罗值来表示服装热阻。在室温 21℃，相对湿度 50%以下，风速 0.1 m/s 的室内，安静坐着或从事轻度脑力劳动的成年男子感觉舒适，能将皮肤平均温度维持在 33℃ 左右时所穿着的服装隔热性能为 1 克罗值（clo）。根据热阻的定义，克罗值与热阻关系为：1 clo = 0.155 ℃·m²/W。

寒冷的环境参考服装热阻就可以选择出保暖性能好的服装，而炎热环境下选择服装则还需参考湿阻指标。湿阻也称蒸发阻抗，是织物两边的水蒸气压力差与垂直通过织物单位面积的蒸发热流量之比，反映了织物对蒸发传热的阻力大小。织物湿阻越小，说明织物透湿性能越好。

3.8.2　热阻和湿阻的检测标准及方法

3.8.2.1　织物热阻和湿阻的检测原理、标准及方法

织物热阻和湿阻的检测标准有 ASTM F 1868、ISO 11092 和 GB/T 11048—2018。GB/T

11048—2018 和 ISO 11092 内容相似，是最常用的参考标准。检测原理是用蒸发热板来模拟贴近人体皮肤产生的热和湿的传递过程，如图 3-20 所示，将试样覆盖于测试板上，测试板及其周围的热护环、底部的保护板都能保持恒温，使测试板的热量只能通过试样散失，空气可平行于试样上表面流动。在试验条件达到稳定后，测定通过试样的热流量来计算织物的热阻和湿阻。热阻测试要求测试板温度为 35 ℃，环境温度为 20 ℃，湿度为 65%，风速为 1 m/s。湿阻一般采用等温法测试，要求测试板温度为 35 ℃，环境温度也为 35 ℃，湿度为 40%，风速为 1 m/s。另外，ASTM F 1868 中提供了五种测试方法，可根据实际需求来选择。

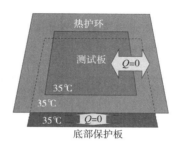

图 3-20　织物热阻湿阻仪及检测原理示意图

3.8.2.2　服装热阻和湿阻的检测标准及方法

服装的热阻和湿阻检测可采用暖体假人技术。随着人们对服装舒适性和功能性的日益重视，假人技术被越来越多地应用到服装热湿性能测试中。假人可在真人无法开展试验的极端环境条件下进行服装的热湿传递性能试验，而且假人可以避免人体试验中个体差异的影响，试验精度高，可重复性好，规避了人体试验中道德和生理因素的影响。

假人在功能上可以划分为干态假人和湿态假人。干态假人只具有模拟人体发热的机制；湿态假人即出汗假人不仅具有人体发热模拟机制，同时也有出汗模拟机制。在服装热阻、湿阻测试实验中，使用的假人是出汗假人，它是模拟人体—服装—环境系统之间热湿交换的设备，模拟人体穿着服装的状态，从而测试服装的热湿特性。图 3-21 所示是美国西北测试科技公司研制的 NEWTON 出汗假人，型号为 NEWTON-34，它有 34 个独立的发热区，各区段皮肤温度、发汗量可分别设置，用于模拟人体的热湿传递过程。

出汗假人有人造织物发汗皮肤、滚轮支撑和机械化步行系统，而且自带自动模型控制软件程序，可分别使用静态假人和动态假人进行测试。在设定的环境条件下，可以测试服装各个部位以及整体的热湿性能，为选择服装材料和改进结构设计提供参考依据。出汗假人系统是根据 ASTM 和 ISO 标准建立的，符合检测机构、服装和睡袋生产厂家对服装评价的要求。

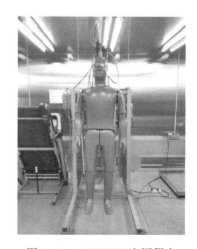

图 3-21　NEWTON 出汗假人

服装热阻检测的标准有 GB/T 18398，ASTM F 1291，EN 342 和 ISO 15831 等，见表 3-4，这些标准测试服装热阻的原理基本相同，但所使用的假人大小、测试条件以及热阻的计算表示方法有所不同。热阻的计算方法，有串行法和并行法两种。当服装各部分热阻不相等，且分布极不均匀时，采用串行法计算得到较高的热阻值，这会过高估计了服装的保暖性能，导致防寒服使用者难以接受的冷感，将使用者置于潜在的危险中。使用并行法得到的结果更接近人体真实试验的结果，更为合理，所以一般采用并行法计算服装热阻值。

服装热阻、湿阻测试过程中，假人周边环境要求维持稳定，需要将其放置在气候室中。例如，日本爱斯佩克人工气候室温度范围为-20~50 ℃，湿度范围为15%~95%，可以为假人测试提供所必需的测试环境条件，保证可以获得满意的测试结果。

表 3-4　服装热阻测试标准对比

标准		GB/T 18398	ASTM F 1291	EN 342	ISO 15831
适用范围		各类服装	配套服装	用于防寒的单件服装和配套服装	配套服装
假人体表面积		—	(1.8 ± 0.3) m^2	(1.7 ± 0.3) m^2	(1.7 ± 0.3) m^2
假人身高		—	(1.7 ± 0.1) m	(1.7 ± 0.15) m	(1.7 ± 0.15) m
假人皮肤温度		32~35 ℃	(35 ± 0.3)℃	34 ℃	34 ℃
假人姿势		站立和动态步行	站立	站立或动态步行	站立或动态步行
环境条件	温度	至少比平均体表温度低 10 ℃	至少比平均体表温度低 12 ℃	至少比平均体表温度低 12 ℃	至少比平均体表温度低 12 ℃
	相对湿度	30%~50%	30%~70%	30%~70%	30%~70%
	风速	0.15~8 m/s	(0.4 ± 0.1) m/s	0.4 m/s	0.4 m/s
热阻计算方式		串行法	并行法	并行法或串行法	并行法或串行法

服装湿阻检测的标准有 ASTM F 2370 和 GB/T 39605，见表 3-5，服装湿阻的测试原理基本相同，但测试条件以及湿阻的计算表示方法不同。标准中对于湿阻测试方法有两种，对应的环境温度设置也不一样。如果采用等温条件，环境温度设置应与皮肤温度一致；如果采用非等温条件，环境温度与测试该服装热阻时的环境温度一致。通常采用等温条件来测试湿阻。

表 3-5　服装湿阻测试标准对比

标准	ASTM F 2370	GB/T 39605
假人体表面积	(1.8 ± 0.3) m^2	1.5~2.1 m^2
假人身高	(1.7 ± 0.1) m	1.5~1.9 m
假人皮肤温度	(35 ± 0.5)℃	(34 ± 0.5)℃

续表

标准	ASTM F 2370		GB/T 39605	
相对湿度	(40±5)%		(40±5)%	
风速	(0.4±0.1) m/s		(0.4±0.1) m/s	
环境温度	等温条件： (35±0.5)℃	非等温条件：与测试该 服装热阻时的环境温度一致	等温环境： (34±0.5)℃	非等温条件
湿阻计算	根据出汗方式确定		散热法或蒸发法	

图 3-22 所示是一款上下衣分体结构的个体混合冷却服，上衣为长袖特种夹克衫，裤子为合体长裤，均由基础服装和微型风扇组成。个体混合冷却服的热阻和湿阻测试选取了微型风扇关闭和微型风扇开启两种场景。每种场景下重复测试三次，取平均值。

首先是服装热阻检测结果。冷却服在微型风扇开启和关闭两种工况下的总热阻分别为 $0.087 \mathrm{~K} \cdot \mathrm{m}^2/\mathrm{W}$ 和 $0.167 \mathrm{~K} \cdot \mathrm{m}^2/\mathrm{W}$，从实验结果可以看出开启风扇显著降低了冷却服的总热阻，这主要是由于风扇的开启增强了冷却服内部的空气对流，促进了假人体表散热，最终导致服装总热阻显著下降；微型风扇开启工况下总热阻与假人的裸态热阻分别是 $0.087 \mathrm{~K} \cdot \mathrm{m}^2/\mathrm{W}$ 和 $0.078 \mathrm{~K} \cdot \mathrm{m}^2/\mathrm{W}$，两者无显著差异，说明风扇通风制冷效果显著，明显降低了冷却服的热阻，接近裸体时的状态。结果表明，风扇冷却服在热环境中能够有效降低人体皮肤温度，提升人体的热舒适感。

其次是服装湿阻检测结果。冷却服在微型风扇关闭工况下的总湿阻为 $22.672 \mathrm{~Pa} \cdot \mathrm{m}^2/\mathrm{W}$。在微型风扇开启工况下，冷却服的总湿阻为 $9.657 \mathrm{~Pa} \cdot \mathrm{m}^2/\mathrm{W}$。说明冷却服在风扇开启的湿阻显著低于风扇关闭的湿阻，开启风扇显著降低了冷却服的总湿阻。假人裸态湿阻为 $8.665 \mathrm{~Pa} \cdot \mathrm{m}^2/\mathrm{W}$，在风扇开启下冷却服的总湿阻为 $9.657 \mathrm{~Pa} \cdot \mathrm{m}^2/\mathrm{W}$，两者无显著差异，表明微型风扇开启通风增加了蒸发散热，使服装湿阻接近裸体时的状态。

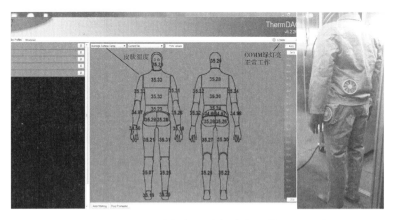

图 3-22　NEWTON 出汗假人进行冷却服热阻湿阻测试

第4章 纺织品安全防护类检测与评价

4.1 国家纺织产品基本安全技术规范概述

[微课] 国家纺织产品基本安全技术规范概述

GB 18401—2010《国家纺织产品基本安全技术规范》修订过两次，原来的版本有 GB 18401—2001 和 GB 18401—2003。我国加入WTO 后，欧盟等国外标准变化较快，增加了很多新的要求，我国及时跟进，在第一个版本实施两年后就进行了修订。GB 18401—2003 在执行过程中出现很多技术问题，如婴幼儿年龄原来是 24 个月，而 GB 6675.1—2014《玩具安全》标准中婴幼儿年龄是 36 个月，标准要求不一致，所以再次修订，形成了现在的版本 GB 18401—2010《国家纺织产品基本安全技术规范》。随着人民生活水平的不断提高，进出口产品越来越多，并且随着跨境电商的发展，消费者增加了跨境购物体验，也呈现逐渐增加的趋势。购买国外生产的产品需要了解产品是否符合我国的安全法规。国内销售的纺织产品，包括国内生产的和从国外进口的产品，都应符合该技术规范，这是最基本，也是最低的技术要求。

根据《中华人民共和国产品质量法》等法律法规，通常完整的产品使用说明应至少包含如下信息：①制造者的名称和地址；②产品名称；③产品型号或规格；④纤维成分及含量；⑤维护方法；⑥执行的产品标准；⑦产品质量等级；⑧产品质量检验合格证明；⑨安全类别；⑩使用和贮藏注意事项。纺织品使用说明可参照 GB/T 5296.1—2012《消费品使用说明 第 1 部分：通则》和 GB/T 5296.4—2012《消费品使用说明 第 4 部分：纺织品和服装的要求》进行标注。产品的使用说明在形式上允许多种多样，可以是吊牌，也可以是缝制标签，或者直接印刷、粘贴在包装袋上等。通常，一件纺织产品会有吊牌和耐久性标签（如直接印刷/织造或固定在产品上的标签）两种标签。耐久性标签应包括产品号型或规格、纤维成分及含量和维护方法三项内容，吊牌则应包括除这三项以外的其他所有内容。当一件产品采用多种形式的使用说明时，应保证其对应内容的一致性。

GB 18401—2010《国家纺织产品基本安全技术规范》对婴幼儿纺织产品、直接接触皮肤的纺织产品和非直接接触皮肤的纺织产品进行技术要求，检测指标为甲醛、pH、色牢度、禁用偶氮染料和异味五项。

（1）甲醛。甲醛容易对呼吸道和眼睛形成一定的刺激，长时间接触甲醛，还会影响人体的造血功能，甚至出现再生障碍性贫血以及白血病。GB 18401—2010 对甲醛的限量要求为：A 类婴幼儿用纺织产品≤20 mg/kg；B 类直接接触皮肤的纺织产品≤75 mg/kg；C 类非直接接触皮肤的纺织产品≤300 mg/kg，如超出范围则为不合格品。

（2）pH。人体组织的正常 pH 为 7～7.4。血液的 pH 始终要保持一个较稳定的状态，如果血液 pH 下降 0.2，给机体的输氧量就会减少 69.4%，造成整个机体组织缺氧。服装 pH 超标主要是对皮肤造成伤害，会影响人体皮肤常驻菌的平衡，刺激皮肤，引发皮肤过敏，导致病菌侵入。GB 18401—2010 对 pH 的限量要求是 A 类婴幼儿用纺织产品 pH 4.0~7.5；B 类直接接触皮肤的纺织产品 pH 4.0~8.5；C 类非直接接触皮肤的纺织产品 pH 4.0~9.0。个别特殊情况如果产品需要后续处理，并非最终产品，pH 可放宽至 4.0~10.5。

（3）色牢度。色牢度直接影响人体的健康安全和产品的美观。色牢度差的产品在使用过程中碰到汗水等就会造成面料上的染料脱落褪色，染料分子就有可能通过皮肤被人体吸收而危害人体健康。色牢度是一个项目总称，包含耐水色牢度、耐酸汗渍色牢度、耐碱汗渍色牢度、耐干摩擦色牢度和耐唾液色牢度五个部分。GB 18401—2010 中规定 A 类婴幼儿用纺织产品耐酸汗渍色牢度、耐碱汗渍色牢度和耐水色牢度是 3-4 级、耐干摩擦色牢度和耐唾液色牢度是 4 级；B 类直接接触皮肤的纺织产品和 C 类非直接接触皮肤的纺织产品不需要对耐唾液色牢度进行检测，其余的色牢度要求达到 3 级，低于以上要求都为不合格品。

（4）禁用偶氮染料。禁用偶氮染料也是消费者较为关心的内容，部分偶氮染料与人体皮肤长期接触，会在特殊的条件下分解还原释放出某些有致癌性的芳香胺，成为人体病变的诱发因素，具备潜在的致癌性。GB 18401—2010 规定了禁用染料二十四种芳香胺，其限量要求是 20 mg/kg（欧盟的同类产品是 30 mg/kg）。

（5）异味。规范中对纺织产品的要求是无霉味、高沸点石油味（煤油、柴油）、鱼腥味和芳香烃气体味，需要 2 名经过训练和考核的专业人员采用嗅觉的方法检查，且结果一致，若结果不一致则需要增加 1 人，以 2 人一致的结果为准。

面对复杂的国际环境，除了 GB 18401—2010《国家纺织产品基本安全技术规范》标准中规定的这些要求外，进口纺织产品的纤维成分也是检查的一个重点，实际产品和标注是否一致，涉及反欺诈的内容。作为消费者通过产品外观进行判断，其余涉及检测的需要送专业机构检测验证。国际上有很多新成立的组织及国际合约或联盟，我国也在申请加入 CPTPP（全面与进步跨太平洋伙伴关系协定），及时了解国外相关标准以适应社会的不断变化，促进我国标准的不断更新，更好地保护消费者安全。

4.2 纺织品甲醛含量和 pH 检测

［微课］纺织品甲醛含量和 pH 检测

4.2.1 甲醛含量和 pH 超标的危害

在纺织品染整加工前处理、后整理及后续洗涤过程中使用的各类有机助剂可能会含有甲醛类分解物，如传统的抗皱和耐久压烫整理剂、拒水拒油整理剂、阻燃整理剂和柔软整理剂等，经这些助剂整理后的纺织品都含有不同程度的甲醛。也有些企业为降低成本，使用质量低廉染料，对染色和整理后的产品未进行充分水洗和酸碱中和，都会导致 pH 不合格以及甲醛含量超标等问题。人体皮肤表面呈弱酸性，pH 过高或过低会破坏弱酸性环境，引起皮肤瘙痒或过敏。甲醛已被列入一级致癌物质，也是一种过敏源，衣物上甲醛超标，轻则皮肤过敏、红肿发炎，重则引发气管炎、免疫能力下降，甚至诱发癌症。

4.2.2 甲醛含量和 pH 的检测原理

甲醛含量采用紫外分光光度计检测，主要原理是甲醛与乙酰丙酮在过量醋酸铵的作用下发生反应，生成浅黄色的 2，6-二甲基-3，5-二乙酰基吡啶，该物质在 412 nm 处有很强的吸收峰，根据该波长处吸光度的高低可测定该物质的含量，进一步计算出纺织样品中游离甲醛的含量。图 4-1 所示为紫外分光光度计主要部件及工作原理示意图。

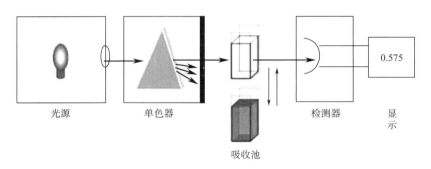

图 4-1　紫外分光光度计主要部件及工作原理示意图

pH 计是以电位测定法来测量溶液 pH，其主要测量部件是玻璃电极和参比电极，玻璃电极对 pH 敏感，而参比电极的电位稳定。将 pH 计的两个电极一起放入同一溶液中，就构成了一个原电池，参比电极电位稳定，在温度保持稳定的情况下，原电池的电位变化只与玻璃电极的电位有关，而玻璃电极的电位取决于待测溶液的 pH。因此通过对电位的变化测量，就可以用能斯特定律算出溶液的 pH。pH 计的示意图及结构示意图如图 4-2 和图 4-3 所示。

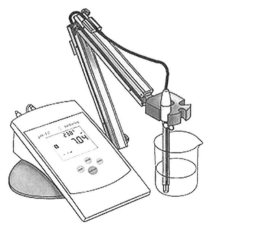

图 4-2　pH 计示意图

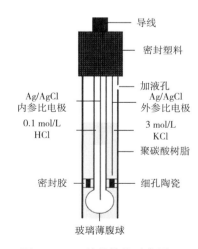

图 4-3　pH 计的结构示意图

4.2.3　甲醛含量和 pH 的检测标准及方法

GB 18401—2010《国家纺织产品基本安全技术规范》中对于甲醛含量与 pH 的限值要求见表 4-1。

表 4-1　甲醛含量与 pH 的限值要求

项目	A 类	B 类	C 类
甲醛含量/（mg/kg）　≤	20	75	300
pH	4.0~7.5	4.0~8.5	4.0~9.0

其中，A 类为婴幼儿纺织产品；B 类为直接接触皮肤的纺织产品；C 类为非直接接触皮肤的纺织产品。

OEKO-TEX Standard 100 是权威的、影响广泛的纺织品生态标签。对比两种标准，OEKO-TEX Standard 100 在 A 类产品的甲醛要求更为严格，同时还增加对于装饰材料的要求。国内的纺织企业，也可以借助 OEKO-TEX Standard 100 的权威性，大力开发国际市场，既提高自身的市场竞争力，也符合中国政府对于纺织行业的规划。表 4-2 是 GB 18401—2010 和 OEKO-TEX Standard 100 限定的 pH 及甲醛含量。

表 4-2　GB 18401—2010 和 OEKO-TEX Standard 100 限定的 pH 及甲醛含量

标准		A 类	B 类	C 类	装饰材料
GB 18401—2010	pH		4.0~7.5	4.0~8.5	4.0~9.0
	甲醛/（mg/kg）　≤	20	75		300
OEKO-TEX Standard 100	pH		4.0~7.5	4.0~7.5	4.0~9.0
	甲醛/（mg/kg）　≤	不得检出	75		300

在 GB 18401—2010 中引用到的标准文件有很多，对于甲醛含量和 pH 引用的标准是 GB/T 2912.1—2009《纺织品　甲醛的测定　第 1 部分：游离和水解的甲醛（水萃取法）》和 GB/T 7573—2009《纺织品　水萃取法 pH 值的测定》，根据这两个标准分别阐述纺织品的 pH 和甲醛含量的具体检测方法。

（1）pH 的测定。称三份（2±0.5）g 的试样，剪切成 5 mm×5 mm 的小块，放入三角烧瓶中，加入 100 mL 的蒸馏水（pH 为 5.0~7.5），摇动烧瓶使其充分浸湿并振荡（振荡速率为 60 次/min）振荡 2 h 后，静置，取出待测样品的萃取液体，并记录萃取液温度。在萃取液温度下，用标准缓冲溶液校准 pH 计，根据不同 pH 的缓冲液选择不同的标准曲线校准，pH 计每天至少校准一次。用水冲洗玻璃电极，再浸入萃取液（水或氯化钾溶液）中，直到 pH 稳定。开始测试纺织品萃取液，每个样品测三次，记录后两份结果的平均值作为最终结果，如两个结果之间差值大于 0.2，则需重新取样测试。

（2）甲醛含量的测定。取有代表性样品进行制样，剪碎至 5 mm×5 mm 以下，混匀，称取 1 g（精确至 0.01 g）试样三份，分别放入三角烧瓶中加入 100 mL 水。盖紧盖子，放入（40±2）℃水浴中振荡 60 min 后过滤，取滤液供检测分析用。如果待测样品中甲醛含量太低，可增加试样量至 2.5 g，以获得满意的精度。甲醛标准溶液，即开即用，当天有效，稀释配置五个浓度的校正溶液。已显色的样品和标准物质遇阳光会褪色，因此在测定过程中最好避光，并尽快测试。

甲醛含量测试过程如图 4-4 所示，首先进行基线校正和自动调零，然后将样品放入比色皿中，打开光度测定模块，在方法中设定好波长并加入，在标准表输入标准溶液名称与对应的浓度，将标准溶液按顺序逐个放入样品池，读取数据，仪器会生成标准曲线图，查看图中的相关系数 $R^2 \geq 0.999$，则该标准曲线相关性很好。将未知样品放入样品池，读取数据，通过即可得到上机测试的萃取液的甲醛浓度。通过公式计算，即可得到织物中的甲醛含量，单位为 mg/kg。

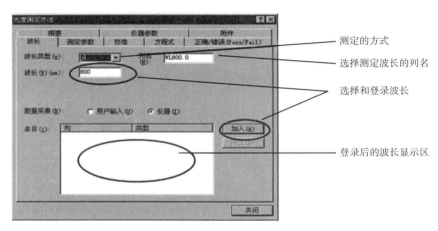

图 4-4　甲醛含量测试过程

4.3　纺织品禁用偶氮染料检测

［微课］纺织品禁用
偶氮染料检测

4.3.1　禁用偶氮染料的危害

偶氮染料是指含有偶氮基结构的染料，是合成染料中品种最多、应用最广的一种，约占合成染料的三分之二。禁用偶氮染料是指偶氮染料经过还原和分解后，可生成致癌的芳香胺，约占偶氮染料的 5%。含有禁用偶氮染料的服装与人体皮肤长期接触后会与代谢过程中释放的成分混合，在一定条件下，裂解释放出一种或多种致癌芳香胺，经过活化作用，可改变人体的 DNA 结构，引起病变和诱发癌症。

4.3.2　禁用偶氮染料的检测原理

纺织样品在柠檬酸盐缓冲溶液介质中，用连二亚硫酸钠还原分解，以产生可能存在的致癌芳香胺，用适当的液–液分配柱，提取溶液中的芳香胺，浓缩后用合适的有机溶剂定容，用配有质量选择检测器的气相色谱仪（GC/MSD）进行定性测定。必要时，选用另外一种或多种方法，对异构体进行确认。用配有二极管阵列检测器的高效液相色谱仪（HPLC/DAD）或气相色谱/质谱仪进行定量测试。因此，对禁用偶氮染料检测的准确性、技术分析尤为关键，特别是在检测过程中，由于大多数禁用偶氮染料为偶氮基与一个或多个烃基相连构，其本身会存在同分异构体，导致仪器检测时，出现假阳性。因此通过对偶氮标准物质的试验，与仪器数据分析，准确找出 24 种偶氮化合物的特征离子，结合质谱选择检测器特性，与筛选的目标化合物定性、定量特征离子，作为偶氮染料测定方法。

4.3.2.1　气相色谱原理

气相色谱仪如图 4–5 所示，是以气体作为流动相（载气），当样品由微量注射器注射进样器后，被载气携带进入填充柱或毛细管色谱柱。由于样品中各组分在色谱柱中的流动相（气相）和固定相（液相或固相）间分配或吸附系数的差异，在载气的冲洗下，各组分在两相间作反复多次分配，使各组分在柱中得到分离，然后用接在柱后的检测器，根据组分的物理化学特性，将各组分按顺序检测出来。

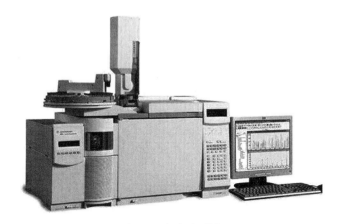

图 4–5　气相色谱仪

4.3.2.2　液相色谱原理

液相色谱仪如图 4–6 所示，液相色谱储液器中的流动相被高压泵打入系统，样品溶液经进样器，进入流动相，被流动相载入色谱柱（固定相）内，由于样品溶液中的各组分在两相中具有不同的分配系数，在两相中做相对运动时，经过反复多次的吸附—解吸的分配过程。各组分在移动速度上产生较大的差别，被分离成单个组分，依次从柱内流出，通过检测器时样品浓度被转换成电信号传送到记录仪，数据以图谱形式记录下来。

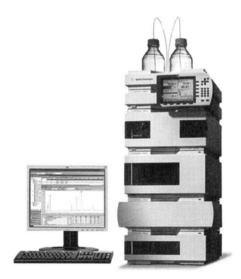

图 4-6 液相色谱仪

4.3.3 禁用偶氮染料的检测标准及方法

我国 GB 18401—2010《国家纺织产品基本安全技术规范》附录 C 中，列举的 24 种致癌芳香胺（限量值≤20 mg/kg）目标物，其限制手段是通过对纺织服装禁用偶氮检测试验等技术方法，对目标物质进行定性定量，确保我国产品安全性，有利于服装产品的出口。我国与禁用偶氮染料相关的检测标准有 GB/T 17592—2011《纺织品　禁用偶氮染料的测试》，标准要求每个纺织品都必须进行禁用偶氮染料测定。

4.3.3.1 分离萃取方法

分离萃取溶液，用于禁用偶氮染料检测的不同分离和提取溶液，会对检测结果造成不同影响，因此需要选择稳定性比较好的分离萃取溶液。芳香胺标准溶液，以乙醚作为溶剂并不稳定，这是因为乙醚不是新鲜制备的，乙醚中所含的过氧化物，会分解部分芳香胺，并且在后面的浓缩过程中，乙醚中过氧化物浓度会加大，从而对芳香胺的破坏作用也更明显。因此，禁用偶氮染料检测不应采用非新鲜制备的乙醚提取试样，而应选用稳定性更好的叔丁基甲醚溶剂。

还原裂解步骤中连二亚硫酸钠溶液的配制，必须在使用前新鲜配制，且配制的操作速度要快速。假如出现连二亚硫酸钠溶液变黄的现象，则不能使用，需重新配制。还需注意保证柠檬酸盐缓冲液的 pH＝6，试样从（70±2）℃恒温水浴锅取出后，要在 3 min 内快速用冰水将其冷却至室温。

在浓缩过程中，真空旋转蒸发器中的水浴的温度，需控制在 35 ℃且不要超过 35 ℃，将洗脱液浓缩至近 1 mL，若是直接旋转蒸发干，很容易导致含量降低或假阴性结果，因此必须在浓缩至近 1 mL 后，用氮气吹至近干，否则会造成易挥发的损失，而导致检测结果不准确。

4.3.3.2 阳性确证与定量方法

GB/T 17592—2011 规定对于检测出阳性结果的样品，需进行阳性确证和定量。阳性确证包括气相色谱—质谱（GC—MS）全扫描，根据谱图解析和搜索，来确认是否阳性结果及分辨出同分异构体，还可以利用液相色谱（LC）等方法进一步测试和确认。此外通过做空白试验及加标试验，可以使检测结果更加准确。对于阳性样品可以从以下两个方法进行操作。

（1）LC 外标法定量。配制待测物的单标溶液，标样溶液浓度应接近于样品中含量。用 LC 对标样和样品进行检测，在保留时间一样的条件下，根据标样、样品的峰面积，用外标法公式计算样品中待测物的含量。

（2）GC—MS—SIM 内标法定量。在样品中加入相同含量的内标物，用仪器检测后利用内标校正曲线，算出样品中待测物质含量。

根据测试经验，可以先确定被测物。从标准附表中，查询此被测物使用的内标物种类，然后配制含此内标的标准工作溶液，此内标标准工作溶液中，内标物的浓度是 10 mg/L，被测物的浓度应和样品中含量接近，样品和内标标准工作溶液，通过 GC—MS 测定，用 SIM 定量，再通过内标法公式计算样品中被测物的含量。

4.4　纺织品重金属含量检测

［微课］纺织品
重金属含量检测

4.4.1　重金属的危害

随着纺织行业的不断发展，各式各样的纺织品为人们所用，人们对于纺织品的要求也越来越高。但是纺织品在印染和后处理过程中，为提高纺织品的色牢度及改善成品风格，使用的染料、助剂和整理剂常常含有微量重金属，当纺织品与人体皮肤接触时，这些重金属就有可能对人体健康造成危害。研究表明，重金属铅和镉对人体健康具有一定的危害。铅中毒主要表现为神经学缺陷、肾机能障碍和贫血；而镉能引起肾脏的损伤和贫血，并导致肺疾病。

4.4.2　重金属含量的检测原理

4.4.2.1　电感耦合等离子体发射光谱仪的检测原理

电感耦合等离子体发射光谱仪的检测原理如图 4-7 所示。高频振荡器发生的高频电流，经过耦合系统连接在位于等离子体发生管上端，铜制内部用水冷却的管状线圈上。石英制成的等离子体发生管内有三个同轴氩气流经通道。冷却气（氩气）通过外部及中间的通道，环绕等离子体起稳定等离子体炬及冷却石英管壁，防止管壁受热熔化等作用。工作气体（氩气）则由中部的石英管道引入，开始工作时启动高压放电装置，让工作气体发生电离，被电离的气体，经过环绕石英管顶部的高频感应圈时，线圈产生的巨大热能和交变磁场，使电离气体的电子、离子和处于基态的氩原子，发生反复猛烈的碰撞，各种粒子的高速运动，导致气体完全电离，形成一个类似线圈状的等离子体炬区面，此处温度高达 6000～10000 ℃。样品经处理制成溶液后，由超雾化装置，变成全溶胶，由底部导入管内经轴心的石英管，从喷嘴喷入等离子体炬内。

样品气溶胶进入等离子体炬时，绝大部分立即分解成激发态的原子、离子状态。当这些激发态的粒子，回收到稳定的基态时，要放出一定的能量（表现为一定波长的光谱），测定每种元素特有的谱线和强度，与标准溶液相比，就可以知道样品中所含元素的种类和含量。

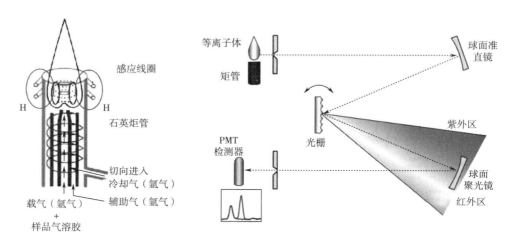

图 4-7　电感耦合等离子体发射光谱仪原理示意图

4.4.2.2　原子吸收分光光度计的检测原理

原子吸收分光光度计（AAS）的检测原理如图 4-8 所示。元素在热解石墨炉中被加热原子化，成为基态原子蒸汽，对空心阴极灯发射的特征辐射进行选择性吸收。在一定浓度范围内，其吸收强度与试液中被测元素的含量成正比。其定量关系可用郎伯—比耳定律表示。

$$A = -\lg \frac{I}{I_0} = -\lg T = KCL \tag{4-1}$$

其中，I 为透射光强度；I_0 为发射光强度；T 为透射比；L 为光通过原子化器光程（长度）。每台仪器的 L 值是固定的，C 是被测样品浓度，所以 $A = KC$。

利用待测元素的共振辐射，通过其原子蒸汽测定其吸光度的装置称为原子吸收分光光度计。原子吸收分光光度计基本结构包括光源、原子化器、光学系统和检测系统，具有单光束、双光束、双波道、多波道等结构形式，主要用于痕量元素杂质的分析，广泛应用于气体、金属有机化合物和金属醇盐中微量元素的分析。

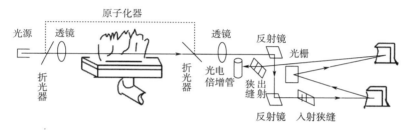

图 4-8　原子吸收分光光度计原理示意图

4.4.3　重金属含量的检测标准及方法

Oeko-Tex Standard 100 标准制定了生态纺织品技术要求，并制定了纺织品中可迁移重金属元素的测定方法（GB/T 17593.1—2006）。近年来进口婴幼儿及儿童服装产品的需求逐年递增，但其质量状况却不容乐观。考虑到婴幼儿群体的特殊性，容易将服装及其附件摄入口中，因此，国家强制性标准 GB 31701—2015《婴幼儿及儿童纺织产品安全技术规范》中针对有涂层或印花的婴幼儿纺织服装产品，提出了铅和镉两种重金属的总量限制要求（铅≤ 90 mg/kg，镉≤100 mg/kg）。

纺织品中总铅和总镉含量测定，采用的前处理方法是微波消解法，采用浓硝酸消解，消解后的溶液经稀释定容后，用电感耦合等离子体发射光谱仪（ICP-AES），在适当的条件下测定铅和镉的发射强度，或用原子吸收分光光度计测量铅和镉的吸光度，对照标准工作曲线，确定各种金属离子的浓度，计算出试样中重金属的总量。

（1）样品前处理。准确称取剪碎至 5 mm×5 mm 的纺织品试样 0.3 g 至微波消解罐中，加入 10 mL 浓硝酸，室温下放置 10 min 后，将消解罐密闭并放置到微波消解仪，如图 4-9 所示，按以下顺序消解：5 min 升温至 150 ℃保持 5 min，升温至 180 ℃保持 5 min，升温至 220 ℃消解 15 min。消解结束后冷却至室温，将消解后的溶液转移至 25 mL 容量瓶中，并用超纯水分三次淋洗消解罐后定容。同时，用相同的试剂和操作过程制备空白样品溶液和加标样品溶液。

（2）线性范围和检出限。分别移取标准溶液 10 μL、20 μL、40 μL、80 μL 和 100 μL 于 100 mL 的容量瓶中，用 3% 的 HNO_3 稀释至刻度，配制成 0.1 mg/L、0.2 mg/L、0.4 mg/L、0.8 mg/L 和 1.0 mg/L 的系列标准溶液，在波长 220.3 nm 和 214.4 nm 处测定铅和镉的发射强度，扣除空白值，以标准品的金属含量对相应的发射强度进行线性回归。

检出限是根据国际理论和化学联合会（IUPAC）规定，测定 11 次平行空白的标准偏差（σ），并计算 3 倍空白的标准偏差（3σ），得到各元素的检出限。检出限根据前处理 0.2000 g 样品定容 50 mL 换算为质量浓度即为该方法的检出限，表 4-3 是可以满足 GB/T 30157—2013 标准中铅和镉的分析测定要求。

图 4-9　微波消解仪

表 4-3　铅和镉的分析测定要求

元素	σ/（mg/L）	3σ/（mg/L）	检出限/（mg/kg）
Pb	0.00293	0.00879	2.190
Cd	0.00033	0.00099	0.249

（3）方法的回收率和重复性与再现性。方法的回收率是按试验方法对标准贴衬织物进行加标回收试验，在待测样品中加入一定量浓度为 250 mg/kg 的标准样品，混合均匀后按照相同检验方法进行测量，比较加入标准样品后的含量和理论含量，两者的比值即为标样回收率。

重复性是在相同的检测条件下，对 10 份 0.1 mg/L 加标溶液样品进行测定，两种元素重复性测试 RSD≤10%，要符合微量分析重复性标准，需满足测试要求。

再现性是指不同的测量条件下对同一被测量样品进行连续多次测量所得结果之间的一致性。再现性的估算方法是在同一实验室内，由 2 名不同的实验人员用相同的实验条件至少做 2 次平行试验，或同一实验人员用不同的实验设备至少做 2 次平行试验，或在不同实验室内用相同的实验方法至少做 2 次平行试验，测得的数据用统计方法计算精密度，一般用相对标准偏差表示。

4.5 纺织品邻苯二甲酸酯含量检测

［微课］纺织品邻苯二甲酸酯含量检测

4.5.1 邻苯二甲酸酯的危害

邻苯二甲酸酯是由邻苯二甲酸通过酯化反应得到的一类衍生化合物，是纺织工业，尤其合成纤维工业中的主要助剂之一。通过添加该类物质，可以改变高分子链作用力，提高高分子链可移动性，从而有效提高材料的柔软性和可塑性。但由于邻苯二甲酸酯与材料主体结构之间不以化学键相结合，此类物质不仅在生产、使用或添加到纺织品时会释放到环境中，在使用过程中也会不断从制品中释放出来。科学研究发现，经由食物、空气吸入等途径进入人体的邻苯二甲酸酯，由于其化学结构稳定，难以降解，在人体内容易累积，影响内分泌系统，干扰激素分泌，致使出现畸形、癌变等不良后果，该问题引起了社会的广泛关注。目前，世界上各国均已将此类化合物列为优先管控物质，限制其在纺织品中使用，如 Oeko-Tex Standard 100、欧盟 REACH 法规、美国《消费品改进法案》及我国的《生态纺织品技术要求》等都对该类物质提出了明确规定。

4.5.2 邻苯二甲酸酯含量的检测原理

纺织品中邻苯二甲酸酯含量的检测采用气相色谱—质谱联用仪（GC—MS），其检测原理如图 4-10 所示。GC—MS 总体上由以下五部分组成：气相色谱仪（常压）、接口、离子化、质谱检测器（高真空）和计算机数据处理系统。

4.5.2.1 气相色谱部分

气相色谱仪主要包括以下五大系统：气路系统、进样系统、分离系统、温度控制系统以及检测和记录系统，气相色谱仪的组成部分及作用如下。

（1）载气系统。包括气源、气体净化、气体流速控制和测量，其作用是为获得纯净、流速稳定的载气。

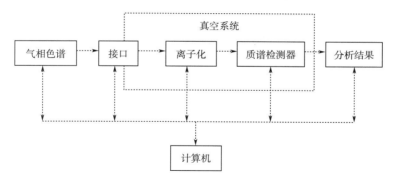

图 4-10　气相色谱—质谱联用仪原理示意图

（2）进样系统。包括进样器和气化室，进样器分气体进样器和液体进样器，气化室是将液体样品，瞬间气化的装置。

（3）分离系统。包括色谱柱、柱温箱和控温装置。根据各组分在流动相和固定相中分配系数或吸附系数的差异，使各组分在色谱柱中得到分离。

（4）温控系统。控制气化室、柱箱和检测器的温度。

（5）检测和记录系统。包括检测器、放大器、记录仪、或数据处理装置、工作站（色谱图），其作用是将各组分的浓度或质量转变成电信号并记录。

4.5.2.2　接口部分

是协调联用仪器输出和输入状态的硬件设备。一般分为直接接口（小口径毛细管柱）和开口分流接口（大口径毛细管柱），用于除去 GC 部分的载气并传输组分。在 GC—MS 联用中有以下两个作用。

（1）压力匹配。质谱离子源的真空度在 103 Pa，而 GC 色谱柱出口压力高达 105 Pa，接口的作用就是要使两者压力匹配。

（2）组分浓缩。从 GC 色谱柱流出的气体中有大量载气，接口的作用是排除载气，使被测物浓缩后进入离子源。

4.5.2.3　质谱部分

质谱仪的基本部件有离子源、滤质器和检测器（图 4-11），它们被安放在真空总管道内。在 GC—MS 联用中经过气相色谱分离的各气态分子，受离子源轰击，电解裂解成分子离子，并进一步碎裂为碎片离子。在电场和磁场综合作用下，按照 m/z 大小进行分离，到达检测器检测、记录和整理，得到质谱图，实现样品定性定量分析。质谱仪的组成如下。

（1）进样系统。GC 出来的样品直接进入 MS 分析仪。

（2）离子源。离子源的作用是接收样品产生离子，常用的离子化方式是电子轰击 EI 和化学电离 CI。

（3）质量分析器。其作用是将电离室中，生成的离子按质荷比（m/z）大小分开，进行质谱检测。常见质量分析器有四极质量分析器、扇形质量分析器、双聚焦质量分析器和离子阱检测器。

（4）检测器。检测器的作用是将离子束转变成电信号，并将信号放大，常用检测器是电子倍增器。

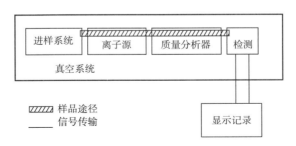

图4-11　质谱仪的组成示意图

4.5.2.4　GC—MS 联用技术

图4-12为GC—MS 联用仪的内部组成示意图。在这个组合中，气相色谱仪分离样品中各组分起着样品制备的作用。接口把气相色谱流出的各组分送入质谱仪进行检测，起着气相色谱和质谱之间适配器的作用。质谱仪对接口依次引入的各组分进行分析，成为气相色谱仪的检测器。计算机系统交互式控制气相色谱、接口和质谱仪，进行数据采集和处理，是GC—MS 的中央控制单元。

GC 作为进样系统，将待测样品分离后直接导入质谱进行检测，既满足了质谱分析对样品单一性的要求，又省去样品制备、转移的烦琐过程，不仅避免了样品受污染，还能对质谱仪进样量有效控制，也减少了质谱仪的污染，极大地提高了对混合物分离和定性定量分析的效率。

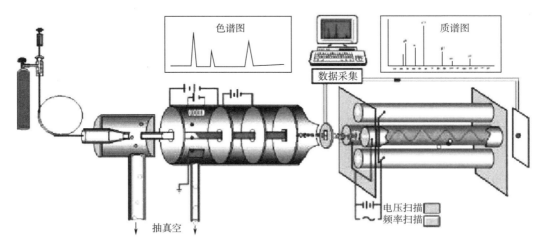

图4-12　GC—MS 联用仪的内部组成示意图

4.5.3　邻苯二甲酸酯含量的检测标准及方法

对于纺织品中邻苯二甲酸酯含量的测定，目前国际上通用的检测标准主要是 ISO 14389，这一标准是由我国主导提出制定的，并最终于 2014 年被批准发布。生态纺织品标准（Oeko-Tex Standard 100）分别规定了邻苯二甲酸酯类增塑剂，在婴幼儿类纺织品（十四种增塑剂总量）和非婴幼儿类产品中（十一种增塑剂总量）的含量不得大于 0.1%（1000 mg/kg）。GB 31701—2015《婴幼儿及儿童纺织产品安全技术规范》中，对含有涂层类的婴幼儿服装的六种邻苯二甲酸酯物质含量进行了限定，要求 DEHP、DBP 和 BBP 的总含量以及 DINP、DIDP 和 DNOP 的总含量均不得高于涂层总量的 0.1%。为了迎合 GB 31701—2015 的发布和实施以及与国际标准化组织颁布的 ISO 14389 同步，我国对 GB/T 20388—2016《纺织品邻苯二甲酸酯的测定》进行了相应修订。

由于 GB/T 20388—2016 标准将原来的三氯甲烷萃取法改为四氢呋喃，且主要以塑化组分为测试对象，因此两者的测试方法存在明显的差异，涉及的试剂材料和设备也相应地存在一定的区别。为避免悬浊液或浑浊液污染仪器，要求在取样上机分析前进行离心处理，必要时还需要用旋转蒸发仪对萃取液进行浓缩。

样品萃取过程主要包括以下步骤：采用四氢呋喃对样品超声提取 1 h，使用沉淀剂对萃取液沉淀 30 min，为避免悬浊液或浑浊液污染仪器，在取样上机分析前还需离心 10 min，完成以上前处理操作至少需要 100 min。同时，超声萃取的样品可以是刮下的涂层，也可以是包含基布的样品（计算时需折算塑化组分质量），因此对同一个样品，采用两种前处理方法在 GC—MS 上分析得到的邻苯二甲酸酯的质量浓度可能相差较大，最终计算邻苯二甲酸酯的质量百分比时需准确计算塑化组分占比。另外，如果测得的邻苯二甲酸酯含量过高，可用含有 5 mg/L 内标物体积比为 1∶2 的四氢呋喃和沉淀剂混合液进一步稀释萃取液后进行分析。当邻苯二甲酸酯含量非常低时，可通过增加试样质量或采用旋转蒸发仪对萃取液进行浓缩，使邻苯二甲酸酯含量落在标准曲线的线性区间内，当然在最终计算时需考虑稀释因子或富集因子。计算测试样品中某种邻苯二甲酸酯含量占样品中塑化组分的质量百分率，同时要求计算结果表示到小数点后两位。对于无法获得试样中塑化组分质量的，可以基于试样总质量进行计算，但必须在试验报告中加以说明。

4.6　纺织品色牢度检测

[微课] 纺织品
色牢度检测

4.6.1　色牢度简介

在日常生活中，一些衣服经过多次洗涤之后，会出现不同程度的掉色，这与纺织品质量指标里的色牢度有关。色牢度也称为染色牢度，是指纺织品的颜色抵抗外界各种作用而不变色的能力，是纺织品的一项重要指标。目前色牢度试验方法大部分是按照作用的环境及条件进行模拟试验或综合试验，并根据试验后样品的变色和贴衬织物的沾色来评定牢度。

纺织品在使用过程中，会受到光照、洗涤、熨烫、汗渍和化学药剂等各种外界的作用。如果色牢度不佳，染料会从纺织品转移到人体皮肤上，某些致敏和致癌染料透过皮肤进入体内，有可能对人体造成危害。此外，在染色过程中或消费者使用洗涤时，色牢度差也会对环境带来不利的影响。所以纺织品色牢度不仅是重要的品质指标，也是重要的生态技术指标。

近年来，在国际纺织服装贸易中，对色牢度的要求除了保证产品的质量外，还要持续重视其安全性和环保性。目前纺织品的色牢度测试项目达数十项，国家强制性标准 GB 18401—2010 中要求测试的主要包括耐水、耐汗渍、耐干摩擦及耐唾液色牢度四项。而欧盟生态纺织品标志要求在此基础上增加湿摩擦和耐日晒色牢度。因此，色牢度是纺织品检测中最常规、最重要的一类检测项目。

4.6.2 色牢度检测通则

（1）贴衬类型。色牢度检测项目在检测过程中具有一些通用的规则，首先在测试过程中都会使用到贴衬织物，贴衬织物分为单纤维贴衬和多纤维贴衬，单纤维贴衬主要包括羊毛、丝、棉和黏胶纤维、聚酰胺纤维、聚酯纤维和聚丙烯腈等；多纤维贴衬主要包括醋酯纤维、棉、聚酰胺纤维、聚酯纤维、聚丙烯腈纤维和羊毛等，根据标准选择测试。

（2）贴衬织物的尺寸和使用。当使用两块单纤维贴衬时，第一块为试样的同类纤维制成，第二块根据试验方法选择，如图 4-13 所示。当试样为混纺织物或者交织品，第一块用主要含量纤维制成，第二块用次要含量纤维制成，如图 4-14 所示。贴衬和织物的尺寸相同，试样两面各用一个贴衬织物完全覆盖，组成 40 mm×100 mm 的组合试样。当使用多纤维贴衬时，只需要覆盖试样的正面，尺寸与试样相同也是 40 mm×100 mm。

图 4-13　单纤维贴衬示意图　　　　　　　　　彩图

图 4-14　多纤维贴衬示意图　　　　　　　　　彩图

（3）色牢度评价指标。评价色牢度时，会对原样变色和贴衬沾色两个指标进行评级。变色是指纺织品在各种环境因素下，引起颜色彩度、色相和明度的变化现象。沾色是指在各种因素影响或者处理过程，试样对相邻织物的沾色程度。

（4）色牢度的评定。色牢度评定如图4-15所示，变色和灰色用样卡为五级九档，有五个整级色牢度档次，分别为5级、4级、3级、2级和1级；在每两个档次中再补充一个半级档次，即4-5级、3-4级、2-3级和1-2级。级数越高，色牢度越好。当原样和试样之间的观感色差相当于灰色样卡某等级（或接近于某两个等级之间）所具有的观感色差时，该级数就作为该试样的变色牢度级数（或中间等级）。

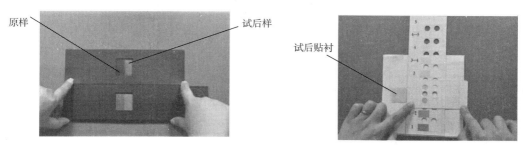

图4-15 色牢度评定示意图

4.6.3 色牢度的检测标准及方法

4.6.3.1 耐皂洗色牢度

耐皂洗色牢度的检测依据为 GB/T 3921—2008，检测原理为将纺织品试样与一块或两块规定标准贴衬织物缝合在一起，置于皂液或肥皂和无水碳酸钠混合液中，在规定时间和温度条件下进行机械搅动，再经清洗和干燥。以原样作为参照样，用灰色样卡或仪器评定试样变色和贴衬织物沾色。标准有五种试验方法，根据样品的材质和使用情况进行选择。

先按照采用的试验方法制备试样组合及配制皂液，并确定对应的试验条件（表4-4），并将组合样品放入溶液中，浴比为1∶50，试验结束后，清洗试样晾干评级，图4-16所示为耐皂洗色牢度实验结果对照图。

表4-4 耐皂洗色牢度试验条件

试验方法编号	温度/℃	时间/min	钢珠数量	碳酸钠
A（1）	40	30	0	—
B（2）	50	45	0	—
C（3）	60	30	0	+
D（4）	95	30	10	+
E（5）	95	240	10	+

项目	耐洗色牢度			耐洗色牢度		
级数	原样变色	贴衬1沾色	贴衬2沾色	原样变色	贴衬1沾色	贴衬2沾色
	4–5	4	3–4	4–5	4–5	4–5
原样						
原样变色						
贴衬1						
贴衬2						

图 4–16　耐皂洗色牢度实验结果对照图　　　　　　　　彩图

4.6.3.2　耐汗渍色牢度

耐汗渍色牢度的检测依据为 GB/T 3922—2013，检测原理为：将纺织品试样与规定的贴衬织物合在一起，放在含有组氨酸的酸碱溶液中，完全润湿后，去除试液，放在规定的装置内，经过一定时间后，将试样和贴衬织物分别干燥。用灰色样卡评定试样的变色和贴衬织物的沾色。

具体操作步骤：先制备组合试样，按照标准配制酸（碱）人工汗液，将组合试样放入配好的试液中，在室温下使之完全润湿。用两根玻璃棒夹去组合试样上过多的试液。将组合样品放入玻璃板之间，施加一定压力，放入（37±2）℃下保持 4 h，将试样晾干评级。最后实验结果得到的是织物耐酸和耐碱两组级数。

4.6.3.3　耐摩擦色牢度

耐摩擦色牢度的检测依据为 GB/T 3920—2008，主要是模拟机械性的摩擦作用在织物上，观察织物经过摩擦后的掉色程度。耐摩擦色牢度测试是用标准摩擦白布对染色织物进行一定的次数、频率及行程的摩擦，试验后在标准光源下用沾色灰卡对摩擦白布的沾色程度进行评级。

具体操作步骤：准备一组尺寸不小于 50 mm×140 mm 的试样，经向和纬向各两块，准备（50±2）mm×（50±2）mm 正方形摩擦布，将调湿后的摩擦布放在摩擦头上，使摩擦布的经向与摩擦头的运行方向一致。运行速度为每秒 1 个往复的速度循环摩擦，共摩擦 10 个循环。湿摩擦测试时摩擦布的含水率为 95%~100%，试验结束后将摩擦布晾干并评级。

4.6.3.4　耐唾液色牢度

耐唾液色牢度是对婴幼儿纺织产品强制管控的项目之一，由于唾液中蛋白酶的生化作用，能促进染料脱离或分解有害物质，对婴幼儿健康和安全造成影响。检测依据为 GB/T 18886—2019，测试原理是将试样与规定的贴衬织物贴合在一起，置于人造唾液中处理后去除多余的试液，放在试验装置内，在规定条件下保持一定时间，然后将试样和贴衬织物分别干燥，用灰色样卡或仪器评定试样的变色和贴衬织物的沾色。

测试时先按照标准制作样品和贴衬的组合试样，配制人工唾液。将 pH 调至 6.8±0.1。与耐汗渍测试类似，将组合试样平放在盛有人工唾液的平底容器中，浴比为 50∶1，室温下放置 30 min，使之完全浸湿。将组合试样平置于两块平板之间，放入试验装置中，使其受压（12.5±0.9）kPa。然后将带有组合试样的试验装置放入恒温箱内，在（37±2）℃下保持 4 h。试验结束后取出样品晾干，并对原样变色和贴衬沾色情况进行评级。

4.6.3.5　耐光色牢度

纺织品的耐光色牢度也称日晒牢度，是指染色织物在日光照射下保持原来色泽的能力。测试时将纺织品与一组蓝色羊毛标样一起在人造光源下按规定的条件进行曝晒，然后将试样变色与蓝色羊毛标样变色情况进行对比，评定耐光色牢度。

目前涉及的产品标准中大部分使用 GB/T 8427—2019，一般沿经向剪取 45 mm×10 mm 的样品，三块蓝标分别为最低允许牢度的蓝标及低一级和低两级的蓝标，按照标准设置曝晒条件。将试样按照所需尺寸制备完成后与三块蓝色羊毛标样一起放入日晒机曝晒。开启试验，在日晒仪中连续曝晒两个阶段，第一阶段以最低允许牢度的蓝标变色等于变色灰卡 4 级时终止；第二阶段以最低允许牢度的蓝标变色等于变色灰卡 3 级时终止曝晒。最后将样品和蓝色羊毛标样进行色差比对评级。

第5章 纺织品功能性检测与评价

5.1 纺织品防紫外线性能检测

［微课］纺织品防紫外线性能检测

5.1.1 紫外线的危害及防护机理

5.1.1.1 紫外线的危害

在日常生活中，人们可以直观地看到日光对纺织品的影响，如有色纺织品受日光的曝晒褪色、变浅或变暗；白色纺织品受日光的曝晒变黄、变暗。在某些地域特殊的气候条件下，人的皮肤在日光下曝晒，会晒伤甚至引起皮肤病变等。因此，纺织品在光照及在日常服用过程中对太阳光中紫外线的防护性能越来越受到大家的关注。

5.1.1.2 紫外线的防护及作用机理

纺织品防紫外线的作用机理是在纤维或织物中添加抗紫外线添加剂或在织物的表面涂覆抗紫外线剂，以阻碍紫外线直接与皮肤接触，作用原理示意图如图 5-1 所示。在纤维和织物中添加屏蔽紫外线的物质主要有两类：一类是起反射紫外线作用的物质，习惯上称为紫外线屏蔽剂，通常选用一些金属氧化物的粉体，如三氧化二铝（Al_2O_3）、氧化镁（MgO）、氧化锌（ZnO）、二氧化钛（TiO_2）和高岭土等；另一类是指对紫外光有强烈的选择性吸收、并能进行能量转换而减少透过量的物质，习惯上称为紫外线吸收剂，通常是一些无机材料和有机化合物。吸收剂在吸收紫外线的能量后，转变为活性异构体，以光和热的形式释放这些能量恢复原分子结构。

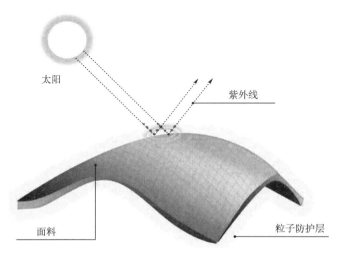

图 5-1 纺织品紫外线防护作用原理示意图

紫外线照射到织物上，有部分被反射和吸收，其余则透过织物。积分球式紫外分光光度计就是利用单色或多色的 UV 射线辐射试样，收集总的光谱透射射线，测定出总的光谱透射比，计算试样的紫外线防护系数 UPF 值—紫外线防护系数（ultraviolet protection factor）。由 AN/NZS 4399 可知，紫外线防护系数（又称紫外线遮挡系数）表示织物防紫外线的能力，是紫外线对未防护皮肤的平均辐射量与经测试的织物遮挡后紫外线辐射量的比值。日光紫外线辐射 UVR 是波长为 280~400 nm 的电磁辐射，日光紫外线 UVA 是波长在 315~400 nm 的日光紫外线辐射，日光紫外线 UVB 是波长在 280~315 nm 的日光紫外线辐射。

5.1.2 防紫外性能的检测标准及方法

早在 1990 年，澳大利亚就提出了太阳镜紫外线防护标准。1993 年，澳大利亚和新西兰提出了防晒霜的相关标准和有关抗紫外线防护服测试标准。1996 年，澳大利亚和新西兰首先提出 AS/NZS 4399《日光防护服评定和分级标准》。我国在 1997 年制定了织物抗紫外线测试方法 GB/T 17032《纺织品　织物紫外线透过率的试验方法》。1997 年，德国的霍恩斯坦研究所（Hohenstein Institute）提出 UV Standard 801《国际紫外线防护标准》，以评估纺织品的抗紫外线性能，授予合格的纺织品以防紫外线辐射标签。

美国和英国也相继于 1998 年提出类似标准，即 AATCC 183《织物品透射或阻隔紫外线的性能测试》、ASTM D 6544《紫外线（UV）传输测试前纺织品制备标准规程》和 BS 7914《纺织品抗紫外线》。同年，英国制定了 BS 7949《儿童服装紫外线防护要求》，规定儿童的上衣、内裤和全身衣服的紫外线透过率不超过 2.5%。我国也于 2002 年完成抗紫外线纺织品的产品标准 GB/T 18830—2009《纺织品防紫外线性能的评定》。

纺织品防紫外测试标准之间有很多相同之处，都涉及紫外线防护系数 UPF 值，故各个标准方法的测试原理基本相同，都是通过具有积分球装置的紫外分光光度计测试。其次，紫外线辐射波长范围均为 290~400 nm。虽然几个标准在测试过程中要求的样品数量有所不同，但是从测试原理及实际测试过程来看，实质上样品数量的要求是一致的，都需要在样品的不同部位取样至少 2 块，尽量做到避免测试值的不平行性及样品的不均匀性，以满足测试需求。GB/T 18830—2009《纺织品防紫外线性能的评定》、EN 13758-1《纺织品　日光　紫外线防护性能　第 1 部分：服装和面料测试方法》、AS/NZS 4399《日光防护服评定和分级标准》和 BS 7914《纺织品抗紫外线》要求取样至少 4 个，AATCC 183《紫外辐射通过织物的透过或阻挡性能》和 ASTM D 6603《紫外线防护纺织品标签指南》取样至少 2 个。

纺织品防紫外测试标准之间也有差异。

（1）测试范围不同。AATCC 183 与 GB/T 18830—2009 适用于所有纺织品面料；BS 7949 适用于儿童服装，不包括帽子、防晒衣、遮阳伞及其他纺织面料；BS 7914、AS/NZS 4399 和 EN13758-1 适用于紧贴皮肤的服装面料，但不包括帽子、防晒衣、遮阳伞及其他纺织面料；UV-Standard 801 适用于服装类及遮阳类纺织品。

（2）对样品的要求不同。AATCC 183 中有干态样品与湿态样品测试要求及测试方法；ASTM D 6544 和 ASTM D 6603 中提出样品的各种状态及预处理要求（水洗 40 次，日晒 100 褪色单元，氯漂）；UV–Standard 801 对样品有不同的测试要求，如磨损、日晒、水洗、风蚀等，但是没有规定具体的服用状态条件；其他标准没有样品的预处理要求，只要求测试样品在原始状态（干态）下的抗紫外线性能。

（3）测试环境要求不同。AATCC 183、ASTM D 6603 测试环境为（21±1）℃，相对湿度为（65±2）%，每 2 min 记录一次，较严格一些；而 AS/NZS 4399 的温湿度范围较大，温度为（20±5）℃，相对湿度为（50±20）%。

（4）UPF 值计算方法和表示方法不同。AATCC 183 根据式（5−1）计算 UPF_{AV}；GB/T 18830—2009、EN 13758−1 根据式（5−1）~式（5−3）分别计算 UPF_{AV} 防护系数平均值、方差及 UPF 等级；AS/NZS 4399 根据式（5−1）、式（5−2）、式（5−4）分别计算 UPF_{AV} 防护系数平均值、方差及 UPF 等级；同时还要求用 UVA_{AV} 平均值、UVB_{AV} 平均值、T（UVA）透射比的算术平均值、T（UVB）透射比的算术平均值等表示。

（5）标识要求及规定不同。除了 AATCC 183、BS 7914、BS 7949 没有抗紫外产品标识要求外，其余标准都有标识要求及规定。GB/T 18830—2009 中规定，当样品的 UPF>40，且 T（UVA）<5% 时，可称为"防紫外线产品"，当 40<UPF≤50 时，标为 UPF 40$^+$，当 UPF>50 时，标为 UPF 50$^+$。

$$UPF_{AV} = \frac{1}{n}\sum_{i=1}^{n}UPF_i \tag{5−1}$$

或

$$s = \sqrt{\frac{\sum_{i=1}^{n}(UPF_i - UPF_{AV})^2}{n-1}} \tag{5−2}$$

$$UPF = UPF_{AV} - t_{n-1,\alpha/2}\frac{s}{\sqrt{n}} \tag{5−3}$$

α 为 0.05，取 4 个样品测试，$t_{n-1,\alpha/2} = 3.18$。

$$UPF = UPF_{AV} - t_{n-1,\alpha}s/\sqrt{n} \tag{5−4}$$

α 为 0.005，取 4 个样品测试，$t_{n-1,\alpha} = 5.84$。

5.2 纺织品电磁屏蔽性能检测

［微课］纺织品电磁屏蔽性能检测

5.2.1 电磁辐射的危害及防护机理

5.2.1.1 电磁辐射的危害

在电磁辐射强度超过暴露限值后，电磁波将对人体产生危害，对电子、电气设备产生干扰，导致医疗、电子、电气等敏感的设备产生失误。电磁武器产生的电磁辐射，将直接影响战场通信、观瞄、隐蔽、伪装和电子对抗等多种军事行动。为抑制敌方攻击性电磁辐射武器的打击及生活中的电磁环境污染，需要对军事目标、工业电子设备和人体进行有效电磁辐射防护。

5.2.1.2　电磁辐射的防护及作用机理

电磁屏蔽织物是兼具轻质、柔性和强力的极佳屏蔽材料，且同时具有结构可控、编织灵活、轻柔耐洗等特点，成为军民用轻质柔性电磁屏蔽防护材料的首选，是国内外关注的重点屏蔽材料。除用于工业外，也具有良好的服用性能，可制备电磁辐射防护服装，保护在超过电磁辐射暴露限值环境工作的劳动者，降低从业人员的职业风险。

根据成形方法划分，电磁屏蔽织物可分为三大类。第一类是由具有金属特性的纤维或纱线通过纺织加工方法获得，称为织造电磁屏蔽织物；第二类是在成形织物上镀、涂敷金属层，称为金属化电磁屏蔽织物；第三类是将不同成形方法和不同结构的电磁屏蔽织物通过多层复合方式获得，称为复合电磁屏蔽织物。

防电磁辐射的作用机理如图 5-2 所示，主要是通过防辐射材料对电磁波进行有效阻隔，来起到防护的原理。电磁屏蔽理论认为，电磁波传播到屏蔽材料表面时，通常有三种不同的机理进行衰减：①未被反射而进入屏蔽体的吸收损耗；②在入射表面的反射损耗；③在屏蔽体内部的多重反射损耗。通常情况下，防辐射材料在织物内嵌入一张屏蔽网，这种由金属纤维构成的环形屏蔽网可以产生感生电流，而从产生反向电磁场屏蔽辐射。金属良导体可以反射电磁波，即当金属网孔径小于电磁波波长 1/4 时，电磁波不能透过金属网。材料的防辐射性能主要通过屏蔽效能（shielding effectiveness，SE）来表示，材料的屏蔽效能主要根据插入材料对电磁辐射损耗来进行测量。

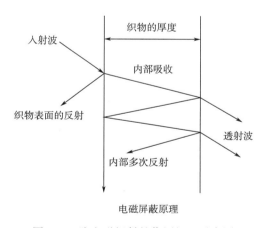

图 5-2　防电磁辐射的作用机理示意图

5.2.2　屏蔽效能的检测标准及方法

5.2.2.1　织物屏蔽效能的测试标准及方法

现有屏蔽织物测试方法多借鉴平面电磁屏蔽材料测试方法，主要有法兰同轴法和屏蔽室法两种。前者采用圆形样品，对织物各向异性不敏感；后者采用方形样品，可以明确测出织物各向异性。相关测试方法和测试标准有 SJ 20524《材料屏蔽效能的测量方法》、GJB 6190《电磁屏蔽材料屏蔽效能测量方法》、GB/T 25471—2010《电磁屏蔽涂料的屏蔽效能测量方法》和 GB/T 30142—2013《平面型电磁屏蔽材料屏蔽效能测量方法》。

GJB 6190《电磁屏蔽材料屏蔽效能测量方法》是目前广泛采用的织物屏蔽效能测试方法，也被 GB/T 30139—2013 所采用。该标准同时规定了法兰同轴法和屏蔽室法测量的步骤和方法，屏蔽室法是利用已建成的标准测试窗口，对种类不同、形状各异的电磁屏蔽材料进行屏蔽效能测量，使同类材料具有可比性。

5.2.2.2 服装屏蔽效能的测试标准及方法

目前出台的服装屏蔽效能测试标准全球只有 4 个，分别为美国的 MIL-C-82296B《微波辐射防护连体工作服》、德国的 DIN 32780-100《防护服第 100 部分频率范围为 80 MHz~1 GHz 的电磁场防护要求和试验方法》、我国的 GB/T 33615—2017《服装电磁屏蔽效能测试方法》和 GB/T 23463—2009《防护服装微波辐射防护服标准》。DIN 32780-100 防护频率范围为 80 MHz~1 GHz，并且有两套测试系统，可分别用比吸收率 SAR（W/kg）和屏蔽效能 SE（dB）来检验防护服的屏蔽性能。GB/T 23463—2009 给出了 300 MHz~300 GHz 微波防护服的各种性能要求、测试方法和标识，并在标准附录中简单说明了测量防护服屏蔽效能的方法。GB/T 33615—2017 给出了频率范围在 80~6000 MHz 的民用电磁辐射防护服的测试方法。

服装屏蔽效能的测试原理及计算方法和织物屏蔽效能基本相同，但是服装测试需要假人模型，这也是各个标准的核心及差异体现。假人模型有两类，一类是透波材料假人，内部没有填充物。GB/T 23463—2009 标准中用的假人模型是用 PE、PP 等微波透明材料制成，具有良好压缩弹性的羽绒或泡沫塑料弹性层，内敷弹性层贴敷在塑料假人身上（起固定作用）以保证微波辐射防护服与塑料假人之间相对位置基本固定不变，测试部位为头部、胸部和下腹部。DIN 32780-100 在针对 SE 的测试时，也采用透波材料假人模型，测试部位为头部和胸部。另一类是内部有模拟人体填充物的假人模型。填充分为两种情况，一种是填充组织液，另一种是填充固体材料。无论选用哪种填充方式，都要与人体组织的介电常数和电导率相接近。DIN 32780-100 在针对 SAR 评估的测试中规定了假人内部填充的类似人体组织液是由水—糖—盐混合而成的。GB/T 33615—2017《服装电磁屏蔽效能测试方法》对于人体模型并没有明确的规定，只是笼统地要求外壳采用低损耗、低介电常数的材料注塑而成，内部均匀填充模拟人体组织材料介电性能的填充材料，并且在附录中给出了不同测试频率下填充材料的介电常数和电导率要求。测试部位为胸部和腹部。在假人模型内部填充人体组织等效材料，使其更加符合真实的人体情况，便于普通民众接受。

5.3 纺织品压电摩擦电性能检测

5.3.1 压电摩擦电性能简介

5.3.1.1 压电纺织品简介

在过去的几十年中，可穿戴和可植入设备在生物医学治疗、智能电子等研究领域引起了广泛关注。可穿戴电子设备需要具备压电性、柔韧性和透气性的平衡，针对上述要求，压电纤维制备的纺织品脱颖而出。压电纺织品通常是由单层压电纤维或织物和两侧电极组成，经过绝缘封装处理后，可制作成智能可穿戴纺织品，用于人体运动监测和生物力学能量收集等多种应用。

按压和释放周期期间压电材料的发电原理是当压力施加在压电材料上时，受压状态下的偶极动量和总极化与原始状态不同，因此响应于压力而产生电位或电流 IPiezo。当外部压力部分释放（部分释放状态）时，会引起相反的电位或电流变化，压力完全释放后会恢复到原来的状态。压电测试主要由压电测试平台、电化学工作站及移动控制器组成，将样品固定在测试平台上，上下侧的电极连接至电化学工作站，移动控制器控制样品的按压频率和力的大小，如图 5-3 所示。

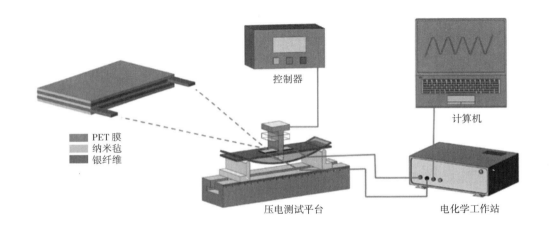

图 5-3　纺织品压电测试示意图

测试频率如图 5-4 所示，在不同频率（10 Hz、50 Hz、100 Hz、500 Hz 和 1000 Hz）下 PVDF 薄膜的输出电压，当加速度幅度从 2.0 g 增加到 3.0 g，即对应于 10~100 Hz 的低频时，PVDF 纤维薄膜的输出电压从 0.8 V 迅速增加到 3.6 V，这表明此 PVDF 纤维薄膜可以用作机械能收集的功能材料或通过适当的电气设计作为自供电加速度传感器。然而，随着加速度进一步增加到 4.1 g，即对应于 500 Hz 时，其输出电压几乎降至零。原因是在低频下通过机械振动器测量获得的有效压电应变系数值极高，而高频下测得的有效压电应变系数值偏低。运动监测是将压电纳米发电机连接到手掌上，在关闭和打开拳头时产生电信号。连接到指针的光纤传感器以及打开和关闭拳头时产生输出信号。

压电纳米纤维膜开路电压和短路电流数据如图 5-5 所示。即使在 40% 的大拉伸应变下也表现出增加的稳定压电和电流输出。在弯曲和扭曲的过程中可分别产生 0.62 V 和 1.1 V 的峰值电压，这显示了在不同应变模式下有效收集机械刺激以产生电能的能力。为了检查压电传感器的机械稳健性和耐用性，通过循环动态拉伸进行稳定性测试，如图 5-5 所示。该装置经

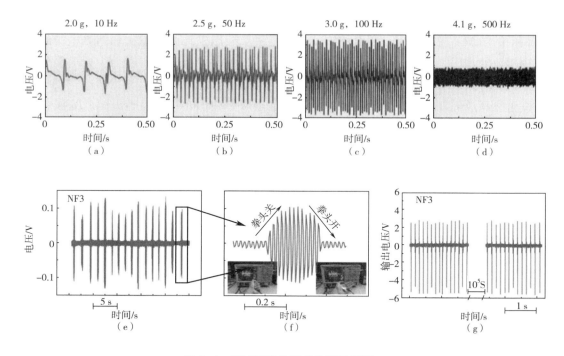

图 5-4　测试频率及运动监测示意图

受 30% 的重复应变并测量循环拉伸下的输出。在 7000 次拉伸循环时输出没有显著下降，但在 9000 次拉伸循环时输出略有下降。输出下降是由于电极损耗导致。

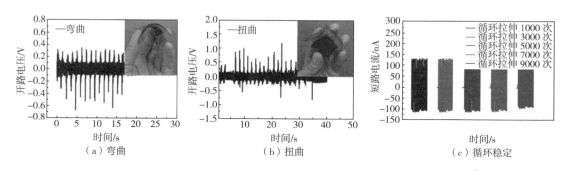

图 5-5　拉伸率测试示意图

　　图 5-6 所示为实时人体监测是通过振动、拉伸和压缩模式来实现身体信号的测量。图 5-6（a）为佩戴者说出"前进"和"传感器"这两个字时声带振动的响应波形，测量通过 3D 纺织结构传输声带振动而放大的压力，产生振动输出电压波形在说出相同的词时是相似的，而在说出不同的词时是不同的；图 5-6（b）为颈动脉脉压的测量；图 5-6（c）为测量动脉脉搏压将传感器放置在颈部和手腕上，根据血流振动测量脉压；图 5-6（d）为动脉脉搏波形的放大曲线，根据血液黏弹性流动的输出电压清楚地区分为冲击波、潮汐波和舒张波。

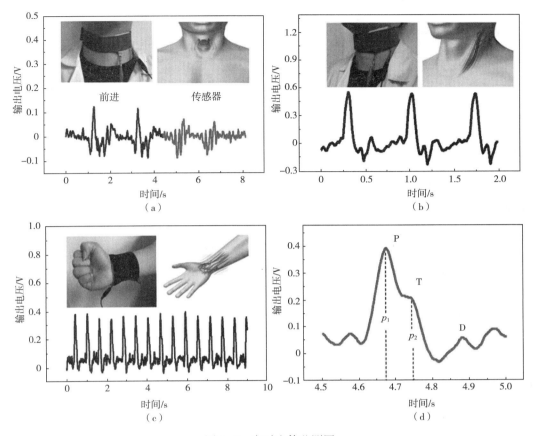

图 5-6 实时人体监测图

5.3.1.2 摩擦电纺织品简介

随着第四次工业革命的推进，物联网、大数据、机器人、人工智能等新兴产业和科学技术在不断发展，人们的生活水平和生活方式发生了翻天覆地的变化。服装传统的保暖、装饰等功能已经不能满足目前社会发展的需求，而将通信、运动监测和医疗康复等功能与纺织品结合的可穿戴电子纺织品已经成了未来发展的重要趋势之一。生活中的摩擦电纺织品如图 5-7 所示。

相较于压电、电磁等发电机制，摩擦纳米发电机（TENG）因为具有结构简单、重量轻、能量转换效率高和材料选择灵活等优点，已经成为从身体运动中有效收集生物机械能的最有前途的候选者。摩擦电纳米发电机的原理如图 5-8 所示，是摩擦带电和静电感应相结合，通过两种具有不同电荷获取或损失能力的摩擦材料之间的周期性接触分离或滑动运动，将小范围的机械能转化为电能。

5.3.2 压电摩擦电性能的检测标准及方法

摩擦电纳米发电机由两个摩擦电层组成，即正极材料和负极材料。在摩擦接触期间，摩

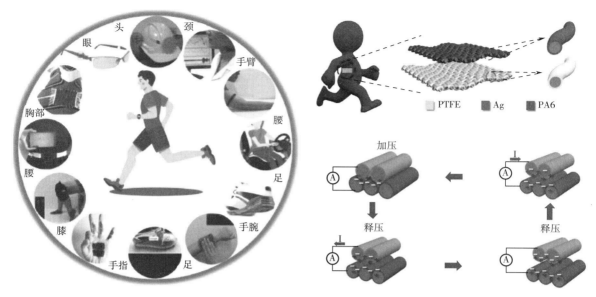

图 5-7 摩擦电纺织品   图 5-8 摩擦电纳米发电机的原理

擦电层在机械力的作用下直接接触，由于接触带电，电子发生转移，正极材料失去电子带正电，负极材料吸引电子带负电，此时处于电中和，无电流信号。随后当两个摩擦电层分开时，正负电极之间会建立电势差，该电势差驱动电子通过外部电路进行转移，从而产生电流信号。当分隔距离达到最大值时，电势差将被电极之间的电子转移完全抵消，此时在外部电路中不会产生电流信号。当摩擦电纳米发电机再次受到外力挤压时，由于电子的回流而产生反向电流信号。因此，通过外力使摩擦电纳米发电机不断地接触分离，可以获得连续的交流电输出。

目前可以使摩擦电纳米发电机连续接触分离运动的设备主要有激振器和线性电机。摩擦电纳米发电机的测试性能主要有开路电压、短路电流和转移电荷三种，基本可以较为全面地分析不同摩擦电纳米发电机的电输出性能。开路电压的测试设备主要有数字示波器和数字万用表；短路电流的测试设备有数字示波器、数字万用表和皮安表；转移电荷的测试设备有静电计。

摩擦电纳米发电机的电输出性能影响因素主要有摩擦频率、摩擦间距和接触力（影响正、负极材料之间接触的有效面积和粗糙程度）。摩擦频率和摩擦间距是指正、负极材料之间接触分离的频率和距离，而接触力是指正、负极材料在接触瞬间的压力大小。摩擦频率对摩擦电纳米发电机的电输出性能影响较大的；摩擦间距对摩擦电纳米发电机的电输出性能产生影响，主要的趋势是摩擦间距越大，电输出性能越好，但也有不同的趋势，主要是因为摩擦时间越长，摩擦材料的表面变得光滑。在不同的接触力作用下，摩擦电纳米发电机会产生不同的电输出，因此可以监测人体不同的动作。

5.4 纺织品抗菌性能检测

5.4.1 抗菌性能简介

［微课］纺织品抗菌
性能检测

纺织品因多孔、疏松的材料特性，成为细菌等微生物的繁殖场所。
随着人们生活水平的提高，抗菌纺织品越来越多地走进千家万户，如抗
菌地毯、抗菌窗帘、抗菌袜子和抗菌内衣等，尤其是一些特殊行业对抗
菌纺织品有极高的要求，如野外勘探、军用纺织品等。

细菌是微生物的一种，世界上有命名的细菌有十万种之多，从炽热
的火山口到冰冷的海底，从头发丝到人体肠道内，都存在着大量的细菌。细菌种类繁多、无
处不在，又微小到我们肉眼看不见，所以必须选定合适的细菌。在抗菌实验中通常选用金黄
色葡萄球菌和大肠杆菌进行试验，分别是革兰氏染色试验的阳性细菌和阴性细菌的代表。

根据 2021 年 4 月施行的《中华人民共和国生物安全法》的要求，对不同生物病菌需进行
分级管理。当实验对象为大肠杆菌时，只需要在最低等级的一级生物安全实验室即可，而金
黄色葡萄球菌则需要在二级生物安全实验室内才能执行试验。表 5-1 是一至四级生物安全实
验室和具体对应的要求。

表 5-1　一至四级生物安全实验室分类表

危险度	生物安全水平	实验室类型	实验室操作	安全设施
一级	基础实验室——一级生物安全水平	基础的教学、研究	微生物学操作技术规范	不需要；开放实验台
二级	基础实验室——二级生物安全水平	初级卫生服务；诊断、研究	微生物学操作技术规范加防护服、生物危害标志	开放实验台，此外需生物安全柜用于防护可能生成的气溶胶
三级	防护实验室——三级生物安全水平	特殊的诊断、研究	在二级生物安全防护水平上增加特殊防护服、进入制度、定向气流	生物安全柜或其他所有实验室工作所需要的基本设备
四级	最高防护实验室——四级生物安全研究水平	危险病原体研究	在三级生物安全防护水平上增加气锁入口、出口淋浴、污染物品的特殊处理	三级生物安全柜或二级生物安全柜并穿着正压服、双开门高压灭菌器（穿过墙体）、经过滤的空气

5.4.2 抗菌性能的检测标准及方法

目前，国内外还没有统一公认的测试标准，主要以美国的 AATCC 标准、日本的 JIS 标
准、中国国家推荐标准 GB/T 20944.1—2007 和纺织行业推荐标准 FZ/T 73023—2006 等为参

考。按评价方法标准可分为定性试验和定量试验，定性就是判断抗菌性的有无和强弱，定量就是要具体明确抗菌性能的百分比。下面以国家推荐标准 GB/T 20944.3—2008《纺织品　抗菌性能的评价　第 3 部分：振荡法》为例讲述纺织品抗菌检测方法。

5.4.2.1　抗菌实验基础测试知识

振荡法是一种定量检测方法。优点是评价结果准确性较高，对各种纺织品普遍适用，缺点是试验时间长，一般需要 4~5 天，操作步骤复杂。检测原理是将纺织品试样和没有经过抗菌整理的对照样分别放入两个三角烧瓶中，加入含有一定细菌浓度的菌液，接触振荡培养一段时间后，分别测定两个瓶子内活菌的浓度，得到两者的差异，以此计算抑菌率。

在进行抗菌实验时，需要了解以下几个方面的基础知识。

（1）细菌的特性。细菌是肉眼不可见的，在列文虎克发明显微镜之前，人类无法观测到微小的细菌。细菌是有生命周期的，它的繁殖方式是无性分裂繁殖，其生长繁殖曲线按时间顺序有迟缓期、对数生长期、稳定期和衰亡期。一个细菌肉眼不可见，但是在合适的条件下，一个细菌能够分裂繁殖成米粒大小的菌落，称为一个菌落数 CFU。

（2）灭菌方法。为了排除试验环境中其他杂菌的干扰，需要在试验全流程中实行无菌化操作。灭菌方法主要有以下几种：

①酒精灯火焰灼烧法。在试验过程中点燃酒精灯，利用火焰燃烧对空气杀菌，将试验操作尽量放在热空气范围内进行。

②高压蒸汽灭菌法。实验前的试样和试验耗材等需要放在高压蒸汽灭菌锅内，在 121 ℃下灭菌 20 min，实验结束后的含菌废物，也要重新灭菌后投入专用生物垃圾袋中处理掉。

③紫外线灭菌。生物实验室内装有足够数量的紫外灯对空气进行杀菌。

④化学法灭菌。消毒酒精喷涂在一次性乳胶手套上对手部灭菌。抗菌实验需要结合使用多种灭菌方法。

（3）菌种的来源和计数方法。细菌的菌种从有资质的机构采购后，在实验室内采用合适的方法长期保存，每个月定期取样复苏、增殖，保持其生物活性。

（4）细菌浓度的检测。标准中对细菌浓度提出了具体的要求，因为细菌浓度对试验结果有直接的影响。经过培养后的含菌肉汤浓度一般都在 $10^8 \sim 10^9$ CFU/mL，即每毫升含有几千万到几亿个细菌，无法用直接计数法来计算，都是用间接法来估算细菌浓度。间接法主要有以下三种。

①分光光度计法。用分光光度计检测菌液在 660 nm 处的吸光度，再结合以往的大数据，查找吸光度对应的细菌浓度，估算当前的细菌浓度。该方法快捷方便，缺点是受细菌活性和培养时间等因素影响，最终结果不太精准。

②稀释法。将菌液连续稀释到一定程度后，放在光学显微镜下用血小板计数板，目视记数所观测到的细菌数量，然后再乘以稀释倍数。该方法费时费力，且结果也不太精确。

③利用生物荧光检测仪提取生物 ATP（三磷酸腺苷）的含量，间接计算细菌浓度。该方法的好处是时间短、结果最准确，但生物荧光检测仪价格昂贵，每次试验耗材费用较高。实验一般采用分光光度计法来估算细菌浓度。

5.4.2.2 振荡法试验方法

用取菌环取少量保存菌，用划线法接种到营养琼脂平板上，培养 24 h，以获得单菌落。取典型的单菌落，接种到 20 mL 营养肉汤中培养 18~24 h。将试样和对照样（没有经过抗菌处理的试样）裁剪成 5 mm×5 mm 大小，称取 0.75 g 后分别放入三角烧瓶中灭菌待用。用分光光度计法检测细菌浓度。使用肉汤稀释，使其含菌浓度调整至（1~5）×10^9 CFU/mL。用 PBS 缓冲溶液继续用 10 倍法稀释至（2.0~2.5）×10^4 CFU/mL。取 75 mL 溶液，加入三角烧瓶中，在 24 ℃ 下振荡培养 18 h。从每个烧瓶中取 1 mL 溶液，适当稀释后加入灭菌的平面皿中，加入 20~25 mL 营养琼脂，振荡均匀后自然凝固，倒置在生物培养箱中培养 24 h。金黄色葡萄球菌需要培养 48 h 后评价结果。

在相同的稀释梯度下，对比试样和对照样中的细菌菌落数，并计算抗菌结果。例如，若对照样平板中生长了个 100 菌落数，试样平板中有 10 菌落数，则抗菌效果为 90%。标准中规定，金黄色葡萄球菌和大肠杆菌的抗菌率≥70%，说明试样有抗菌效果。

5.5 纺织品阻燃性能检测

［微课］纺织品阻燃
性能检测

5.5.1 阻燃性能简介

日常生活中使用的纺织品，一般都是易燃或可燃的，纺织品引发的
火灾问题一直困扰着全球人类，严重威胁着公众安全和社会发展。人们通过阻燃改性或整理等方法提高纺织品的阻燃性能，减少火灾事故的发生，降低人身伤害和死亡率。因此，用标准方法进行规范的分析测试就成为检验和评价纺织品阻燃性能的关键。纺织品燃烧性技术法规逐渐成为各国技术性贸易壁垒的一个重要组成部分。

5.5.1.1 阻燃性能的分类

阻燃性能一般分为以下 5 类：第一类是点燃性能，即在什么样的条件下纺织材料会被点燃，点燃源是什么，是否能点燃；第二类是火灾蔓延性能，火灾如何传播，如水平、垂直或是倾斜一定角度；第三类是热释放性能，如总热释放量、热释放速率、裂解温度；第四类是火焰穿透能力，火焰穿透速度；第五类是烟释放能力，如烟雾释放量、释放速率、毒气的释放、有害气体的种类、是否有刺激性和腐蚀性等。

5.5.1.2 纺织品阻燃性能的评价指标

纺织品阻燃测试标准中阻燃性能的评价指标主要有着火点、有焰燃烧时间、阴燃时间、续燃时间、损毁长度、残炭率和极限氧指数等。随着阻燃测试技术的发展，热释放、烟释放等也被加入。关于阻燃性能的评价分为 A 级和 B 级，B 级又分为 B1、B2 和 B3，对应为不燃、难燃、可燃和易燃。

5.5.2 阻燃性能的检测标准及方法

目前，国内外关于阻燃性能测试的法律法规有很多。国外很多国家很早就制定了阻燃相

关的法律法规，主要有 ISO、IEC、IMO、ASTM、NFPA 和 NIST 几种体系。在美国，除了联邦政府制定的阻燃性能的法规外，各州也制定了与阻燃制品相关的法案和条例，甚至比联邦政府法规更加严格；日本政府还专门成立了协会，负责阻燃制品检验和标志的发放、使用；欧盟的一些国家也制定了相关的法规和标准，要求阻燃材料和制品必须使用欧盟统一的 CE 标志。我国也已出台相关阻燃测试方法与标准。

我国与纺织品相关的阻燃标准可以分为两大类：一类是试验方法标准，其多为推荐性标准（GB/T），如 GB/T 5455—2014《纺织品　燃烧性能试验　垂直法》、GB/T 5456—2009《纺织品　燃烧性能　垂直方向试样火焰蔓延性能的测定》；另一类是依据具体试验方法测试的结果数值，对材料制品进行分类评级的标准，其多为强制性标准，也是国家政策法规要求执行的标准，如 GB 8965.1—2020《防护服装　阻燃防护　第 1 部分：阻燃服》、GB 20286—2006《公共场所阻燃制品及组件燃烧性能要求和标识》。

阻燃性能测试方法主要分为燃烧试验法、极限氧指数法、微型量热法、发烟性能试验法、热分析法、锥形量热法等。随着阻燃技术的发展，对阻燃材料燃烧行为的评估和测试方法提出了越来越高的要求。单一的阻燃测试方法往往不能全面反映材料的燃烧性能，应尽量采用一些比较大型的精密阻燃仪器测试或将几种测试方法结合使用来评价材料的阻燃性能。

5.5.2.1　燃烧试验法

（1）燃烧试验法——阴燃、续燃时间和损毁长度的测定。GB/T 5455—2014《纺织品　燃烧性能试验　垂直法》中规定将一定尺寸的试样放置于规定的燃烧器下，用规定的点火器产生的火焰对试样底边中心进行点火，测量试样的续燃时间（s）、阴燃时间（s）以及损毁长度（cm）。根据试样与火焰的相对位置，可以分为垂直法、倾斜法和水平法，如图 5-9 为三种不同的燃烧试验仪。垂直法可用于测定服装织物、装饰织物、帐篷织物等；倾斜法适用于飞机内装饰用布；水平法适用于地毯之类的铺垫织物。垂直法是目前最普遍的测定方法。

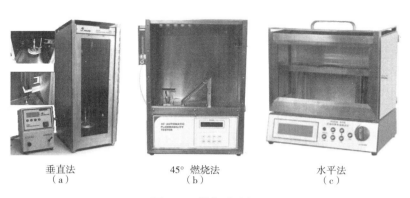

垂直法	45°燃烧法	水平法
（a）	（b）	（c）

图 5-9　燃烧试验仪

以垂直燃烧法损毁长度测定为例，织物试样燃烧一定时间后取下，根据织物单位面积质量的不同选用不同重量的重锤，一端插入织物边缘角落，另一端提起在空中悬垂一定秒数，等待织物撕裂到最高点后测量其损毁长度。垂直燃烧法试样损毁长度测试结果如图 5-10 所示。

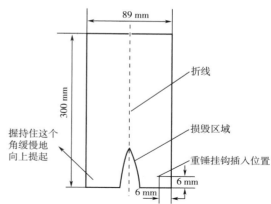

图 5-10　垂直燃烧法试样损毁长度的测定

（2）燃烧试验法——易点燃性和火焰蔓延性能测定。GB/T 5456—2009《纺织品　燃烧性能　垂直方向试样火焰蔓延性能的测定》用规定点火器产生的火焰，对垂直方向的试样表面或底边点火 10 s，测定火焰在试样上蔓延 3 条标记线分别所用的时间，比较不同易燃材料的火焰蔓延时间。GB/T 8746—2009《纺织品　燃烧性能　试样易点燃性测定》用规定点火器产生的火焰，对垂直方向的试样表面或者底边点火，测定从火焰施加到试样上至试样被点燃所需要的时间。燃烧试验机及四种不同点火方式示意图如图 5-11 所示。

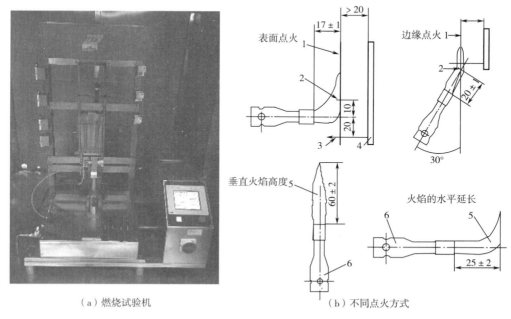

（a）燃烧试验机　　　　　　　　　　（b）不同点火方式

图 5-11　燃烧试验机及四种不同点火方式

1—织物实验样品　2—名义上的火焰点火点　3—固定针　4—安装框　5—火焰　6—燃烧器

5.5.2.2　氧指数法

氧指数法（limit oxygen index，LOI）也是应用最为广泛的方法之一，是指在规定的试验条件下，在氧、氮混合气流中，纺织材料保持平稳燃烧状态所需要的最低氧浓度，以氧所占的体积百分数的数值表示。极限氧指数越大，说明产品的阻燃效果越好。氧指数测试仪及原理示意图如图 5-12 所示。

GB/T 5454—1997《纺织品　燃烧性能试验　氧指数法》中规定：将试样夹于试样夹上垂直于燃烧筒内，在向上流动的氧氮气流中，点燃试样上端，观察其燃烧特性，并与规定的极限值比较续燃时间或损毁长度。通过在不同氧浓度中的一系列试验，可以测得维持燃烧时氧气体积分数表示的最低氧浓度值。判定依据为燃烧时间是否大于 2 min 或者损毁长度是否大于 40 mm。氧指数越高表示材料越不容易燃烧，氧指数越低表示材料越容易燃烧。一般认为，LOI<27 属易燃材料，27≤LOI<32 属可燃材料，LOI≥32 属难燃材料。可测定各种类型的纺织品（包括单组分或多组分），如机织物、针织物、非织造布、涂层织物、层压织物、地毯类等（包括阻燃处理和未经处理的纺织品，但对熔融性纺织品评定具有一定的困难）。

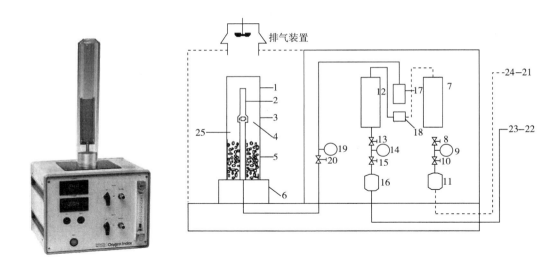

图 5-12　氧指数测试仪及原理示意图

1—燃烧筒　2—试样　3—试样支架　4—金属网　5—玻璃珠　6—燃烧筒支架　7—氧气流量计　8—氧气流量调节器
9—氧气压力计　10—氧气压力调节器　11，16—清净器　12—氮气流量计　13—氮气流量调节器　14—氮气压力计
15—氮气压力调节器　17—混合气体流量计　18—混合器　19—混合气体压力计　20—混合气体供给器　21—氧气钢瓶
22—氮气钢瓶　23，24—气流减压计　25—混合气体温度计

5.5.2.3　微型量热法

微型量热法（MCC）是一种通过客观热化学数值表征纺织材料阻燃性能的方法，基于氧消耗原理，检测材料燃烧时的热释放速率（HRR）、热释放速率峰值（pHRR）热释放总量（THR）、热释放能力（HRC）和最高裂解温度（T_{max}）等参数，从而来评价和预测材料的燃烧危险性，THR 越大，材料燃烧所释放出来的热量越多，火灾危险性越大；HRR 和 pHRR 越

大，单位时间内燃烧反馈给材料单位质量的热量就越多，结果造成材料热解速度加快和挥发性可燃生成量增多，火灾危险性越大。微型量热法可以排除与燃烧试验结果无关的物理因素，如膨胀、滴落和遮拦等。

微型量热仪是一种全新、快速、使用方便的测试仪器，仅需 1～50 mg 试样，可测试材料的热释放速率系数（W/g）、燃烧热（J/g）、着火温度（K）等参数，如图 5-13 所示。微型量热仪测试可以形象直观地测出织物阻燃性能的变化，也可以对这些变化进行定量分析。另外，通过微型量热仪测试的数据可以计算出极限氧指数，LOI 指试样在氧和氮的混合气体中维持平衡燃烧的最低氧体积分数，而微型量热仪测定样品热释放参数时，样品所处的环境也是氧和氮的混合气体，通过不断测定氧气消耗量来计算参数。

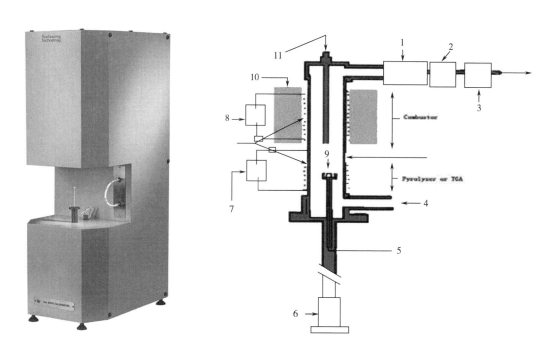

图 5-13　微型量热仪及原理示意图
1—冷却装置　2—流量计　3—氧传感器　4—吹扫气体进口　5—热电偶　6—样品定位器
7—裂解炉　8—燃烧室　9—样品　10—热绝缘装置　11—氧气进口

5.5.2.4　发烟性能试验法

烟密度是指在一定条件下，织物燃烧时产生的烟雾对视线的遮盖程度。由火灾资料分析可知，燃烧物的烟雾和毒性的危害性比燃烧时产生的火焰和热量更严重，因为烟尘降低了火灾现场的可见度，影响消防人员的施救及遇难者逃离现场，且烟雾中的有害物质对人体有危害，因此烟密度指标在阻燃性能评价中具有一定的重要性。将该类设备附件配置其他测试装置，如气体检测管，可以进行烟毒性测试；与傅里叶红外变换装置对接，可完成烟气定性及定量分析等。

　　烟密度箱测试方法的理论为比尔—朗伯定律（Beer—Lambert law），光吸收的基本定律，一束单色光照射于吸收介质表面，通过一定厚度的介质后，由于介质吸收了一部分光能，透射光的强度就要减弱，吸收介质的浓度越大，厚度越大，则光强度的减弱越显著。

　　发烟性试验法可以测试纺织材料在燃烧或者辐射状态下的烟雾释放量，其实验原理：试样的上表面暴露于恒定热辐射源下，如图5-14为NBS烟密度箱及ISO 5659辐射锥，经过热辐射或者明火的火焰冲击后释放出烟气，生成的烟被收集在装有光度计的测试箱内，通过光学系统测量光束通过烟后的衰减，用烟雾的透光量占初始透光量的分数来表示烟密度，通过透光量的最小百分数来计算最大比光密度，可测试光密度、最大烟密度、平均发烟速度以及透光率，从而较全面地评价阻燃纺织材料的发烟性。图5-15所示为三种阻燃方法整理后尼龙织物的发烟性能。

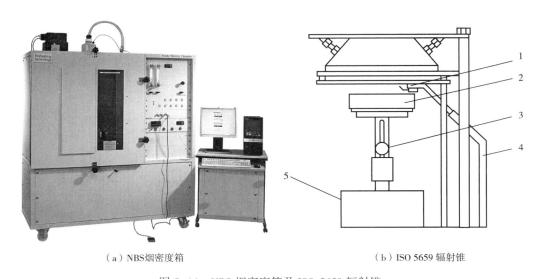

（a）NBS烟密度箱　　　　　　　　　　　　　　　（b）ISO 5659辐射锥

图5-14　NBS烟密度箱及ISO 5659辐射锥

1—点火单元　2—试样盒　3—样品组合盒高度调节钮　4—混合气体管（丙烷—空气）　5—称重单元

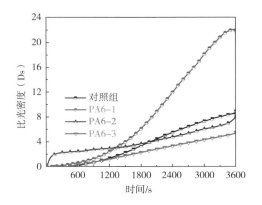

图5-15　阻燃整理前后尼龙织物的发烟性能

5.5.2.5　锥形量热法

锥形量热法是近年来在阻燃材料研究领域集燃烧、释热、失重、发烟及烟气组分研究于一体的先进方法。现已成为国际上公认的研究材料真实燃烧过程和评定材料燃烧性能的权威方法。试验结果具有良好的相关性，测试环境更接近于真实火灾燃烧环境。在同一次试验中，可以获得材料燃烧性能的多种不同性能参数，通过参数的分析比较，可以评价材料的燃烧性能和阻燃机理。图 5-16 为锥形量热仪。

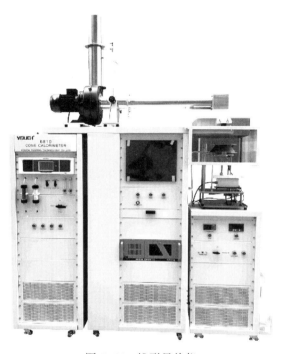

图 5-16　锥形量热仪

研究表明，材料燃烧时的热释放速率（heat release rate），即单位时间内材料燃烧放出的热量，是表征材料在火灾中的燃烧危险性的最重要的火情参数。锥形量热仪采用氧消耗原理测量材料燃烧时的释热速率，此法目前已取代传统的建立在能量平衡基础上的释热速率的测试方法，被广泛应用于各种放热速率测试仪器及方法中。可以有效地计算出材料燃烧的各种特性，如热释放速率、总释放热、平均热释放速度计、平均热释放速率最大值、比消光面积、烟生成速率、总生烟量、烟释放速率、质量损失速率、点燃时间等，这些参数对于评价一个阻燃剂或阻燃体系的性能方面具有重要的意义，因为在实际的火情中，受害者不但受到火焰发出的热量的灼烧，而且受到聚合物等材料燃烧分解生成大量烟气的窒息等危害。

5.6 纺织品防水性能检测

5.6.1 防水性能简介

防水性纺织品是新型高档面料中较为重要的一类，不仅用途广泛，而且发展迅速，如服用的冲锋衣、皮革防寒服；家饰用的餐桌巾、沙发布；日用的雨衣、雨伞；工业用的帐篷布、帆布；特种服装用的手术服、化学防护衣、消防服等。

纺织品防水性能是指织物抵抗被水润湿和渗透的能力，防水性要求纺织品不润湿或很少润湿，织物润湿是使水分在织物表面迅速铺展，而防水的目的是使水滴在织物表面上不铺展，不润湿织物，仍然保持水滴状态。图 5-17 所示 θ 和 γ_s 分别表示液体和固体的表面张力，γ_{LS} 表示液—固间的界面张力，θ 称为接触角。当 $\theta > 90°$ 时，液体不润湿固体表面，织物结构越紧密（即孔隙越小）时，防水效果越好；当 $\theta < 90°$ 时，液体部分润湿固体表面，结构紧密会导致更多的毛细孔芯吸导水。润湿与拒水取决于固体和液体的表面张力，若固体表面张力大于液体表面张力，则液体润湿固体表面；反之，固体表面具有防水作用。

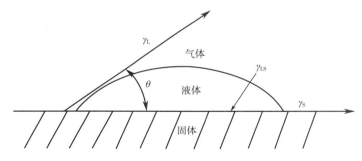

图 5-17　液体与固体表面之间的接触角

当前防水织物的设计主要有以下两种：一是层压复合防水织物，是采用特殊的黏合剂与普通织物通过层压工艺复合在一起，形成防水层压织物，层压可以是两层织物或多层织物；二是涂层防水织物，即织物通过直接或转移法涂层加工，使织物表面为涂层剂所封闭，因而获得防水性。

随着人们生活水平的提高，对纺织品功能性要求越来越高，对其防水等功能性检测已成为行业关注的焦点问题。测量织物的透水性或者防水性就是要测其拒水性或者导水性，根据织物结构和种类的不同可采取不同的测试方法，有静水压法、喷淋法、雨淋法、芯吸法等，表征指标有抗静水压等级、沾水等级、水渗透量、芯吸速度等。

5.6.2　防水性能的检测标准及方法

目前主要测试标准包括 ISO 标准（ISO 811：1981）、美国 AATCC 标准（AATCC 127—2014）、日本标准（JIS L 1092：2009）、中国国家标准（GB/T 4744—2013）和中国纺织行业标准（FZ/T 01004—2008）等。不同标准对静水压测试要求和结果描述不同。防水性试验方法国内外标准见表 5-2。

表 5-2　静水压法测试材料防水性能的国内外标准

测试标准	测试方法	压力程序	测试面积
AATCC 127	动态测试法	60 mbar/min	100 cm²
BS 2823	动态测试法	10 mbar/min 或 60 mbar/min	100 cm²
BS EN 20811	动态测试法	10 mbar/min 或 60 mbar/min	100 cm²
ISO 811	动态测试法	10 mbar/min 或 60 mbar/min	100 cm²
IS0 1420 A	动态测试法	60 mbar/min	100 cm²
JIS L 1092 A	动态测试法	10 mbar/min 或 60 mbar/min	100 cm²
NF G07-057	动态测试法	60 mbar/min	100 cm²
GB/T 4744	动态测试法	60 mbar/min	100 cm²

5.6.2.1　静态防水性能

静态防水性能是指织物抵抗被水润湿和渗透的性能。它是纺织品最主要的功能，能有效阻止雨雪的入侵，使水分子不能渗透织物。纺织品通过表面拒水整理，即可达到防水和拒水的功能。一般通过耐静水压性能和沾水等级等参数来表征。

（1）耐静水压性能。耐静水压性能以织物承受的静水压来表示织物抵抗液态水渗透的能力，可量化为在规定的试验条件下，对织物的一个面施加一个持续上升的水压，直到另一面出现三处渗水点时的压力值，测试标准为 GB/T 4744—2013《纺织品防水性能的检测和评价 静水压法》，抗静水压等级和防水性能评价见表 5-3。

表 5-3　抗静水压等级和防水性能评价

抗静水压等级	静水压 p/kPa	防水性能评价
0 级	$P<4$	抗静水压性能差
1 级	$4\leqslant P<13$	具有抗静水压性能
2 级	$13\leqslant P<20$	具有抗静水压性能
3 级	$20\leqslant P<35$	具有较好的抗静水压性能
4 级	$35\leqslant P<50$	具有优异的抗静水压性能
5 级	$50\leqslant P$	具有优异的抗静水压性能

注　不同水压上升速率测得的静水压值不同，表中的防水性能评价是基于水压上升速率 6 kPa/min 得出。表示静水压的单位有 N/m²、kPa 和水柱高度 m。换算关系为 1 m 水柱高度等于 9.82 kPa，1 kPa＝10 mbar。

静水压法是检测和评价纺织品防水性能的重要指标之一，可以分为动态法和静态法。动态法是在织物的一面不断增加水压，测定直至织物另一面出现规定数量水滴时，织物所能承受的静水压。静态法是在织物的一面维持一定的水压，测定水从一面渗透到另一面所需的时间。可用于户外运动服装防水性能的测试，冲锋衣、雨伞、帐篷等防水面料测试，医用防护服、防护材料的透液性、透血性测试。

静水压法以织物承受的静水压来表示水透过织物所遇到的阻力，在标准大气条件下，试样的一面承受持续上升的水压，水压上升的速率为 1 kPa/min（10 cmH₂O/min）或 6 kPa/min（60 cmH₂O/min），观察织物表面的渗水情况，直到织物的测试区域有三处渗水为止，记录此时水的压力，此时的静水压值即为织物的耐静水压值。织物能承受的静水压越大，防水性越好。理论上纺织品的静水压（P）可以用以下式求得：

$$P = \frac{-2\gamma_L \cos\theta}{\rho g r} \tag{5-5}$$

其中，γ_L 为水的表面能；θ 为微孔内壁与水的接触角；r 为孔半径；g 为力加速度。

由式（5-5）可见，当 90°<θ<180° 时，θ 越大，织物表面能越低，微孔的半径越小，静水压越高。织物的静水压主要由织物表面孔径和表面能决定的，对于防水级别要求高的织物在织物的表面必须有微小而均匀的孔和非常低的表面能。另外，静水压的检测结果在样品和液体一定的条件下，与水温、测试面积和水压上升速率有关。其测试原理如图 5-18 所示。

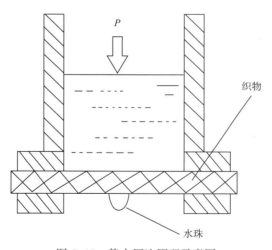

图 5-18　静水压法原理示意图

（2）沾水等级。沾水等级是指织物表面抵抗被水润湿的程度，用一定量的水喷淋试样，通过试样外观与沾水现象描述及图片的比较，确定织物的沾水等级，测试标准为 GB/T 4745—2012《纺织品防水性能的检测和评价　沾水法》。沾水等级和防水性能评价见表 5-4。

表 5-4　沾水等级和防水性能评价

沾水等级/级	防水性能评价
0	不具有抗沾湿性能
1	不具有抗沾湿性能
1-2	抗沾湿性能差
2	抗沾湿性能差
2-3	抗沾湿性能较差
3	具有抗沾湿性能
3-4	具有较好的抗沾湿性能
4	具有很好的抗沾湿性能
4-5	具有优异的抗沾湿性能
5	具有优异的抗沾湿性能

5.6.2.2　动态防水性能

动态防水性能是指织物经受一定时间一定压力的水持续冲击的防水性能，适用于评价织物在运动状态下经受阵雨的拒水性。邦迪斯门淋雨法是在指定的人造淋雨器下，织物经规定时间抗拒吸收雨水的能力，用拒水等级表示，可以模拟不同气象条件的雨滴大小和雨量，观察经过一定的时间后试样的水渍形态并测定试样吸收的水量和透过织物的流出量。

目前，主要标准包括 ISO 9865《纺织品　邦迪斯门雨淋试验对织物拒水性的测定》，DIN EN 29865《纺织品　邦迪斯门雨淋试验对织物拒水性的测定》，BS EN 29865《纺织品　邦迪斯门雨淋试验对织物拒水性的测定》，GB/T 14577《织物拒水性测定　邦迪斯门淋雨法》。其测试原理为在试样放于样杯上，在规定条件下经受人造淋雨。然后，

图 5-19　邦迪斯门淋雨试验仪

用参比样照与润湿试样进行目测对比评价拒水性。称量试样在试验中吸收的水分，记录透过试样收集在样杯中的水量。邦迪斯门淋雨试验仪如图 5-19 所示。

5.7　纺织品抗合成血穿透性能检测

5.7.1　抗合成血穿透性能简介

在卫生保健行业中对伤者或病人进行治疗及护理的工作人员，易接触到可能传播疾病的

生物液体。这些由各种微生物引起的疾病，能够给生命和健康带来严重危害。由于工程控制不能消除所有接触可能，人们将注意力集中到通过使用防护服来减少皮肤直接接触。

［微课］纺织品抗合成血穿透性能检测

防护服的设计用于抵抗血液和体液穿透的防护，需对材料或防护所使用的某些材料结构（如接缝）的性能进行评价。主要评价指标为合成血穿透的抵抗能力，而对材料进行一般比对性评估的物理、化学和热力学因素，可能降低材料的防护性能。还应该考虑评价贮存条件和有效期。防护屏障的完整性，也可因使用过程中弯折、摩擦或由污染物等因素的影响而受损。

5.7.2 抗合成血穿透性能的检测标准及方法

对比抗合成血液穿透性指标发现，我国国家标准 GB 19082—2009 中以不同的压力对合成血液加压，根据 5 min 内合成血液是否通过防护服来评定级数，级数由 1 级到 6 级，等级越高，抗合成血液穿透性能力越强，见表 5-5。欧盟 ISO 16603、日本 JIS T 8060 和我国国家标准分级相同。美国 AAMI PB 70：2012 标准中采用 ASTM F 1670 对于这项关键指标判定，其与 ISO 16603 试验仪器相同，但测试步骤不同，测试方法无分级，要求 13.8 kPa 以上 1 min 合格。美国 NFPA 1999—2018 标准中采用 ASTM F 1359《抗液体渗透性试验》检测防护服的抗合成血液穿透性。

根据国务院应对新型冠状病毒感染的疫情，联防联控机制医疗物资保障组发出的通知，针对隔离留观病区（房）、隔离病区（房），符合我国国家标准的医用防护服供给不足时，可使用在境外上市符合日标、美标、欧标等标准的医用防护服。针对隔离重症监护病区（房）等有严格微生物指标控制的场所，优先使用符合我国国家标准（GB 19082）的一次性无菌医用防护服。符合我国国家标准的一次性无菌医用防护服供给不足时，可以按顺序使用在境外上市符合日标、美标、欧标等标准的一次性无菌医用防护服。现以我国国家标准 GB 19082 为主体，对比欧盟、美国和日本的相关标准。我国国家标准的核心指标是抗合成血液穿透性测试，医用防护服的合标产品的抗合成血液穿透性测试压强值，须至少通过或达到 1.75 kPa 以上，并分为 5 个合标级别。

表 5-5 国际抗合成血液穿透性指标对比

国家	标准	合成血液穿透性
中国	GB 19082	本标准"血液穿透试验"（1～6 级）
欧盟	EN 14126	ISO 16603"合成血液渗透试验"（1～6 级）
美国	NFPA 1999	ASTM F1359"抗液体渗透性试验"
	AAMIPB 70	ASTM F1670"合成血液渗透试验"
日本	JIST 8122	JIS T8060

AAMI PB 70 标准将防护服的隔离能力分为 4 个等级，其中规定防护等级最高的产品须通

过 ASTM F 1670《合成血液穿透》与 ASTM F 1671《病毒穿透》两项关键测试标准。符合中国国标的医用防护服最低标准，需至少通过 ASTM F 1670 测试。美国 NFPA 1999 标准规定抗合成血液穿透性，需通过 ASTM F 1359 测试。符合中国国标的医用防护服最低标准，需至少通过 ASTM F 1359 测试。欧标防护服的抗合成血液渗透测试参照标 ISO 16603。ISO 16603 的第 2 级和中国国标的 2 级一致，均为 1.75 kPa，2 级以上（≥1.75 kPa）即是通过测试。符合中国国标的医用防护服最低标准，须至少通过 ISO 16603 测试。日本标准可类比欧标 EN14126，其中对应国家 GB 19082 标准中的核心测试抗合成血液穿透性测试的是 JIS T 8060。

以用作模拟体液的合成血，在规定时间和梯度压力下，对防护服进行试验，观察是否发生肉眼可见的液体穿透，以此确定防护服材料对血液和体液穿透的抵抗能力。医用防护服材料，预期用作对血液、体液和其他潜在传染性物质产生屏障作用。但多种因素如液体的表面张力、黏度和极性，以及结构和亲水性或疏水性等都会影响体液的湿润和穿透性能。血液和体液（唾液除外）的表面张力范围约为 0.042~0.060 N/m。为了模拟血液和体液的湿润性，将合成血的表面张力调整到接近这一范围的下限，即（0.042±0.002）N/m。

测试方法中，防护服材料样品与合成血接触时，需将试验槽压力加到 14.0 kPa。测试也可用作筛选试验，可以模拟 YY/T 0689—2008 中用于评价防护服抗病毒穿透性的试验方法中所用试验时间和压力，逐步加压将压力升至 20.0 kPa。由于卫生保健机构、活动及接触血液或体液可能情况的多样性，对防护服的屏障要求可因应用情况而改变。对测试方法的合理选择，依赖于防护服及其材料的特殊应用情况。

5.8　纺织品过滤效率呼吸阻力检测

［微课］纺织品过滤
效率呼吸阻力检测

5.8.1　过滤效率呼吸阻力简介

随着新冠病毒感染防控常态化，戴口罩已成为我们生活中的一部分。评价口罩的指标有很多，如过滤、呼吸阻力、头带拉力、泄漏率和气密性等，而过滤效率与呼吸阻力是表征口罩最重要功能的两项指标。过滤效率是指在规定检测条件下，过滤元件滤除颗粒物的百分比。过滤元件指的是其中的过滤层，比如中间的熔喷布。过滤效率分为颗粒物过滤效率 PFE（particle filtration efficiency）和细菌过滤效率 BFE（bacteria filtration efficiency）。颗粒物过滤效率又分为盐性颗粒过滤效率与油性颗粒过滤效率。盐性颗粒是指测试时用作模拟空气中的一定浓度及粒径分布的气溶胶颗粒为氯化钠颗粒，油性为 DOP 或其他油类，如石蜡等。

细菌过滤是指用作模拟空气中的一定浓度及粒径分布的气溶胶颗粒为细菌。由于细菌培养比较烦琐，也有使用 2.5~3 μm 的颗粒物过滤效率值作为替代。在规定检测条件下，呼气时由呼吸装具引起的阻力总和称呼气阻力，吸气时由呼吸装具引起的阻力总和称吸气阻力，呼吸阻力是两者的统称。

5.8.2 口罩测试标准

我国关于口罩的主要标准包括 GB 2626—2019《呼吸防护用品　自吸过滤式防颗粒物呼吸器》、GB 19083—2010《医用防护口罩技术要求》、YY 0469—2011《医用外科口罩技术要求》和 GB/T 32610—2016《日常防护型口罩技术规范》等，目前主要分为劳动防护、医用防护、日常防护三类。目前国内常见的口罩，基本上都是四个标准体系：我国国家标准、美标、欧盟标准和日标。

市售口罩主要有普通口罩、医用外科口罩和 N95 口罩三种。普通口罩实际上就是没有通过任何标准认证的产品，主要起装饰作用。医用外科口罩是指符合 YY 0469—2011，这也是目前市场上销售最多的口罩。核心技术要求颗粒过滤效率≥30%；细菌过滤效率≥95%；压力差≤49 Pa。N95 是美国标准执行 NIOSH 美国国家职业安全卫生研究所认证；KN95、KP95是中国标准，执行 GB 2626—2019 标准。在国标中，KN 适合防非油性颗粒物，如各类粉尘、烟、酸雾、喷漆雾和微生物等；KP 适合防非油性和油性颗粒物，如油烟、油雾、沥青烟、柴油机尾气中含有的颗粒物和焦炉烟等。核心技术要求对于 $0.3~\mu m$ 的颗粒，颗粒过滤效率≥95%［流量（85±4）L/min］；呼吸阻力［流量（85±1）L/min］；吸气阻力≤210 Pa（随弃式面罩，无呼吸阀），呼气阻力≤210 Pa；吸气阻力≤250 Pa（随弃式面罩，有呼吸阀），呼气阻力≤150 Pa；吸气阻力≤300 Pa（包括过滤原件的可更换式半面罩或全面罩），呼气阻力≤150 Pa。

图 5-20 所示为医用外科口罩和 N95 口罩的扫描电镜断面图，医用外科口罩中间核心过滤元件熔喷布的厚度是 $156~\mu m$，而 N95 是 $521~\mu m$，过滤效率要求越高则其中的熔喷布也就越厚，厚度高达 3 倍。

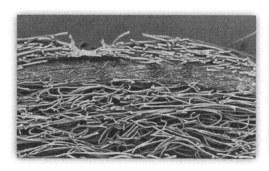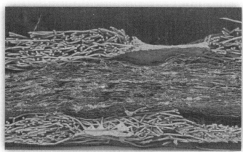

图 5-20　医用外科口罩和 N95 口罩的扫描电镜图

正常情况下两个指标成反比，过滤效率越高呼吸阻力越大，因此并不是过滤效率越大越好。目前市面上过滤效率测试的有两种测试原理的仪器，即光度计法与激光颗粒计数法。光度计法设备测试比较单一，仅能表征出 $0.3~\mu m$ 的过滤效率，其代表仪器是 TSI 8130。激光颗粒计数法不但能够区分 $0.3~\mu m$ 的过滤效率，$1~\mu m$、$3~\mu m$ 和 $5~\mu m$ 均可以测出结果。

以气溶胶通过口罩后颗粒物浓度减少量的百分比来评价口罩对颗粒物的过滤效率。根据 GB 2626—2019 要求，过滤测试有盐性介质和油性介质两种，盐性介质过滤使用的是氯化钠颗粒物，其颗粒物的浓度不超过 200 mg/m³，计数中位径为（0.0075±0.020）μm，更换成空气动力学质量中位径约为 0.3 μm。油性介质过滤使用的是 DEHS 或其他适用油类（如石蜡油）颗粒物，其颗粒物的浓度不超过 50~200 mg/m³。计数中位径为（0.185±0.020）μm，更换成空气动力学质量中位径约为 0.3 μm。

5.8.3 过滤效率呼吸阻力的检测标准及方法

根据 GB 2626—2019 要求，进行盐性或油性介质过滤测试的样品需准备 20 个样品，若有不同大小号码，每个号码至少 5 个，其中 5 个为温度湿度预处理后样品，5 个机械强度预处理后样品（适用于可更换式过滤元件），5 个清洗和消毒预处理后样品（适用于过滤元件可清洗或消毒），其余为未处理样品。对于正常的一次性口罩，则需要 5 个温度湿度预处理后样品。

预处理方法为：①在（38±2.5）℃ 和（85±5）% 相对湿度环境下放置（24±1）h；②在（70±3）℃ 干燥环境下放置（24±1）h；③在（−30±3）℃ 环境下放置（24±1）h。测试过程中选择流量为（85±4）L/min，用夹具将口罩以气密的方式连接在检测装置上，连续记录过滤效率结果。图 5-21 所示为呼吸阻力测试仪的示意图，呼吸阻力测试仪由试验头模呼吸管道、测压管、微压计、流量计、空气压缩机等组成。国标要求流量计量程为 0~100 L/min，精度为 3%；微压计量程为 0~1000 Pa，精度为 1 Pa；吸气阻力测试过程中抽气泵抽气量不低于 100 L/min；呼气阻力测试过程中空气压缩机排气量不低于 100 L/min。

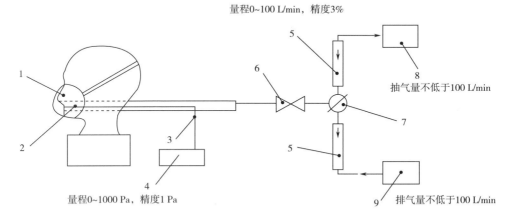

图 5-21 呼吸阻力测试仪的示意图

1—被测样品　2—试验头模呼吸管道　3—测压管　4—微压计　5—流量计　6—调节阀
7—切换阀　8—抽气泵（用于吸气阻力检测）　9—空气压缩机（用于呼气阻力检测）

根据 GB 2626—2019 要求，待检测口罩需要准备 4 个样品，其中 2 个为未处理样品，另 2 个为经过预处理后的样品。若被测样品具有不同的型号，则每个型号应有 2 个样品，其中 1

个为未处理样品，另 1 个为经过预处理后的样品。

样品预处理的方法同过滤效率测试中的方法。在测试过程中，首先要检查检测装置的气密性及工作状态。将通气量调节至（85±1）L/min，并将检测仪的系统阻力设定为 0。然后开始正式测试，将被测试样佩戴在匹配的试验头模上，调整面罩的佩戴位置及头带的松紧度，用密封胶带将口罩与试验头模粘接，确保面罩与试验头模的密合，再将通气量调节至（85±1）L/min，测定并记录呼吸阻力。注意在测试过程中，需采取适当方法，避免试样贴附在呼吸管道口。

第6章　纺织品形貌和结构检测与评价

6.1　纺织品微观形貌检测（扫描电镜法）

［微课］纺织品微观
形貌检测（扫描电镜法）

6.1.1　扫描电镜检测技术简介

扫描电镜即扫描电子显微镜（SEM），是一种用于高分辨率微区形貌分析的大型精密仪器，具有景深大、分辨率高，成像直观、立体感强、放大倍数范围宽，以及在三维空间内可对待测样品进行旋转和倾斜等特点。扫描电子显微镜和其他分析仪器相结合，可以做到观察微观形貌的同时进行物质微区成分分析。扫描电镜在材料、化工及纳米材料等研究中有广泛应用，在科学研究领域具有重大作用。

在进行纤维鉴别时一般会使用到光学显微镜，但做实际研究时，光学显微镜的放大倍率不够高，因此需要使用扫描电镜。冷场发射扫描电镜如图6-1所示，最高可以放大到200万倍，最小分辨率可以达到0.6 nm。

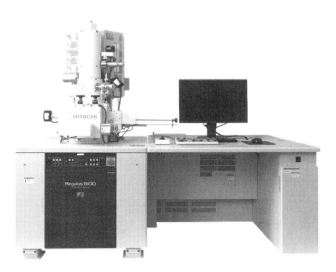

图6-1　冷场发射扫描电镜

扫描电镜的主要作用为获取形貌信息、尺寸信息和元素信息。如图6-2所示，以羊绒纤维为例，在扫描电镜放大到3000倍左右时，可以清晰地看到羊绒的表面鳞片层结构。通过标尺可以测量出纤维的尺寸，继续放大倍数还可以观察到表面尺寸为几百纳米的颗粒，通过能谱的元素分析功能可以分析颗粒的成分。

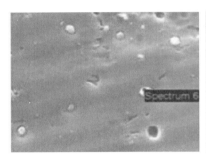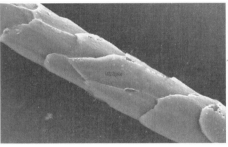

图 6-2　扫描电镜的作用示意图

6.1.2　扫描电镜的检测原理

扫描电镜的工作原理是，在真空条件下，利用聚焦的高能电子束在样品表面逐点扫描，激发样品表面放出二次电子、背散射电子、特征 X 射线、俄歇电子和荧光等信号，探测器收集这些信号后再放大成像，或者做一些成分分析。常规的扫描电镜，主要利用样品表面不同位置的二次电子、背散射电子信号不同来观察样品表面的形貌、成分等信息，利用特征 X 射线来进行元素分析。

图 6-3 所示分别是用二次电子（SE）和背散射电子（BSE）信号拍摄的电镜照片，从图中可以看出，二次电子的图像更能看清样品的表面形貌细节信息，而背散射电子图像通过明暗对比反映出样品的成分信息。通常情况下，元素原子序数越高，图像越亮。

SE二次电子上探头图像　　　　　　BSE背散射电子图像
　　表面信息　　　　　　　　　　　　成分信息
　　（a）　　　　　　　　　　　　　（b）

图 6-3　SE 和 BSE 信号拍摄的电镜照片

6.1.3　扫描电镜法观测纺织品微观形貌

6.1.3.1　制备样品

使用扫描电镜的第一个程序是制备样品，样品制备过程直接影响测试结果。制样的主要目的是把样品稳定地放在样品台上，且表面导电性能良好，潮湿样品和易挥发样品不能直接放入样品仓。

纺织品制样常用的工具有样品台、导电胶带、液体导电胶（有碳胶、银胶等）、镊子和洗耳球等。如果样品的导电性较差，还需要使用镀金仪（离子溅射仪）在样品表面镀上一层金，使得样品导电。注意喷金有可能会改变或遮挡样品形貌。

纺织样品通常为纤维或织物，现代意义上的纺织样品，涉及的范围已经非常广，但主要是一些非导电的有机类样品，如纳米级静电纺纤维、纳米颗粒的改性溶液、丝素蛋白生物材料等。根据样品形态的不同，纺织品制样通用原则大致分为以下几种。

（1）单纤维、纱线类样品。先将导电胶带贴到样品台上，然后将纤维粘贴到导电胶上，或者将纤维两端分别粘上导电胶，如图6-4（a）、（b）所示。

（2）织物、静电纺丝样品。剪取一定尺寸的样品贴在导电胶上，然后喷金处理，或取出其中的纱线或纤维单独制样，如图6-4（c）所示。

（3）固体粉末样品。将固体粉末直接分散在导电胶上，并吹扫表面多余的样品，或者先将固体粉末混合分散到液体中超声分散，然后滴在样品台上，干燥后喷金观察，如图6-4（d）所示。

（4）溶液样品。吸取一定量的溶液直接滴在样品台上，或先滴在硅片、导电玻璃等载体上，再粘贴到样品台上，保证溶液干透后再喷金处理，如图6-4（e）所示。

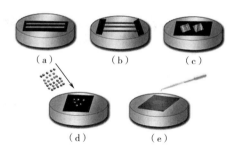

图6-4　纺织品制样流程

6.1.3.2　参数选择

不同型号规格的扫描电镜参数各不相同，常规的参数主要有加速电压、发射电流、工作距离、探头的选择、SE信号和BSE信号的选择。扫描电镜常用加速电压为0~30 kV，电流为0~20 μA；工作距离为1.5~30 mm；一般电镜配备多种探头，如顶探头、上探头、下探头等。其中最重要的就是加速电压，加速电压越大分辨率越好。二次电子强度越高，荷电就会越强，污染会减小，对样品损伤会越大。但也不是绝对，冷场发射电镜在低电压下也能表现出较好的分辨率。

6.1.3.3　图像调整

扫描电镜的图像调整方法主要是通过聚焦、电子束校正和消像散这三个步骤相互循环进行。聚焦消像散的目的是获得最佳的电子束斑，从而获得清晰的电子图像。部分低倍率的台式电镜，由于精度不高，仅需要聚焦操作即可。

以蚕丝样品为例，讲述三种通用参数加速电压、工作距离和探头的选择。高加速电压通常穿透样品比较深，低电压穿透样品较浅。对于非导电纺织品，在保证分辨率的情况下，电压越小越适合观察。如图6-5所示，蚕丝样品在15 kV下和3 kV下拍摄的扫描电镜图基本没有差别，使用3 kV拍摄的照片表面细节更加明显，而且在高电压下拍高倍容易损伤样品。

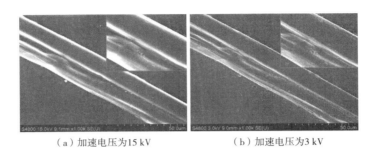

（a）加速电压为15 kV　　　　　　（b）加速电压为3 kV

图6-5　不同加速电压下的蚕丝样品扫描电镜图

工作距离是指样品与物镜之间的距离。工作距离越大景深越大，视野越好，表面信息越少；工作距离越小景深越小，表面信息越丰富。如图6-6所示，在不同工作距离下观测微球，工作距离为8.4 mm时景深较大，图片层次清晰，成像立体感好；工作距离为3.7 mm时景深较小，球体表面上部分比较清晰、细节丰富，下部分呈现背景虚化的效果。

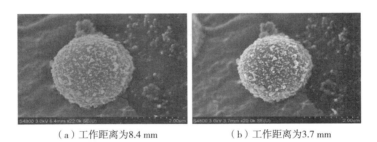

（a）工作距离为8.4 mm　　　　　　（b）工作距离为3.7 mm

图6-6　不同工作距离下的微球样品图

扫描电镜的上探头主要偏重于表面形貌，下探头偏重于立体效果。图6-7所示为未喷金处理的蚕丝样品，上探头模式拍摄时蚕丝与底部的空间感不强，偏重的是蚕丝的表面形貌，而下探头模式拍摄时能明显看出蚕丝的立体效果。由于下探头的信号量较低，还能在一定程度上减轻样品的荷电效应。

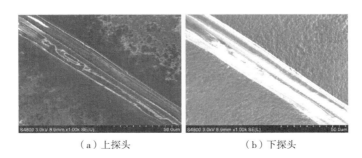

（a）上探头　　　　　　　　　　（b）下探头

图6-7　不同探头模式下的蚕丝表面形貌

对于导电性能不好的样品，其表面会产生一定的负电荷积累，这就是扫描电镜拍摄过程中常产生的荷电效应。荷电效应会大幅度影响拍照效果，图6-7（a）所示为局部过亮拍摄时明暗交替，感觉有电荷在纤维上流动。纺织品的导电性能一般较差，所以在拍摄时会遇到荷电现象。减轻纺织品样品电荷的方法主要有增加导电性和改变拍摄方法。通常采用增加纺织品的喷金时间或者采用导电效果更好的导电胶来增加纺织品的导电性。另外，在拍摄时可使用积分/减轻荷电模式（css）拍照或降低加速电压、电流，使用减速模式。使用下探头或BSE信号也可以在一定程度上降低荷电效应。

6.2　纺织品化学结构分析鉴别（红外光谱法）

［微课］纺织品化学
结构分析鉴别
（红外光谱法）

6.2.1　红外光谱检测技术简介

光谱分析是一种根据物质的光谱，来鉴别物质及确定其化学组成、结构或者相对含量的方法。图6-8所示为光波谱区及能量跃迁示意图，按照分析原理分类，光谱技术主要分为吸收光谱、发射光谱和散射光谱三种；按照被测位置的形态分类，光谱技术主要有原子光谱和分子光谱两种。红外光谱属于分子光谱，有红外发射和红外吸收光谱两种，常用的一般为红外吸收光谱。

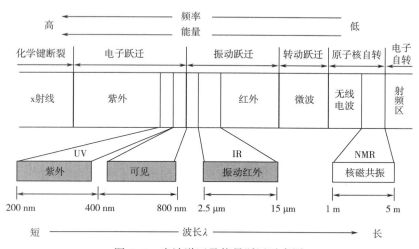

图6-8　光波谱区及能量跃迁示意图

6.2.2　红外光谱的检测原理

分子运动有平动、转动、振动和电子运动四种，其中后三种为量子运动。分子从较低的能级 E_1，吸收一个能量为 h_v 的光子，可以跃迁到较高的能级 E_2，整个运动过程满足能量守恒定律 $E_2-E_1=h_v$。能级之间相差越小，分子所吸收的光的频率越低，波长越长。红外吸收光谱是由分子振动和转动跃迁所引起的，组成化学键或官能团的原子处于不断振动（或转动）的状态，其振动频率与红外光的振动频率相当。所以，用红外光照射分子时，分子中的化学键或官能团可发生振动吸收，不同的化学键或官能团吸收频率不同，在红外光谱上将处于不同位置，从而可获得分子中含有的化学键或官能团的信息。

红外光谱法实质上是一种根据分子内部原子间的相对振动和分子转动等信息，来确定物质分子结构和鉴别化合物的分析方法。值得注意的是，只有当振动时分子的偶极矩发生变化，该振动才具有红外活性。在中红外区，分子中的基团主要有伸缩振动和弯曲振动两种振动模式。伸缩振动指基团中的原子沿着价键方向来回运动（有对称和反对称两种），而弯曲振动指垂直于价键方向的运动（摇摆、扭曲和剪式等）。

按吸收峰的来源，可以将中红外光谱图（2.5~25 μm）大体上分为特征频率区（2.5~7.7 μm，即4000~1330 cm⁻¹）及指纹区（7.7~16.7 μm，即1330~400 cm⁻¹）两个区域。特征频率区中的吸收峰，基本是由基团的伸缩振动产生，数目不是很多，但具有很强的特征性，因此在基团鉴定工作上很有价值，主要用于鉴定官能团。指纹区的吸收峰多而复杂，没有强的特征性，主要是由一些单键 C—O、C—N 和 C—X（卤素原子）等的伸缩振动及 C—H、O—H 等含氢基团的弯曲振动以及 C—C 骨架振动产生。当分子结构稍有不同时，该区的吸收就有细微的差异。这种情况就像每个人都有不同的指纹一样，因而称为指纹区，指纹区对于区别结构类似的化合物很有帮助。

6.2.3 红外光谱法分析鉴别纤维组分

图6-9为红外光谱仪，其实验原理为以一束红外光照射试样，试样的分子将吸收一部分光能并转变为分子的振动能和转动能。借助仪器将吸收值与相应的波数作图，即可获得该试样的红外吸收光谱，红外光谱中的每一个特征吸收谱带都包含了试样分子中基团和化学键的信息。不同物质有不同的红外光谱，将试样的红外光谱与已知的红外光谱进行比较从而鉴别纤维。

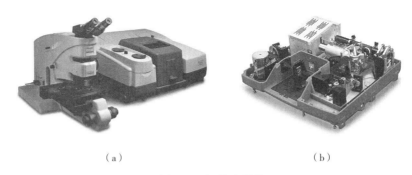

（a）　　　　　　　　　　　　（b）

图6-9　红外光谱仪

红外光谱制样方法主要有溴化钾压片法和薄膜法两种，其中薄膜法，又由于铸膜方式的不同分为溶解铸膜法和熔融铸膜法。通常溴化钾压片法适用于可用切片器切成粉末的纤维；溶解铸膜法适用于锦纶6、锦纶66（溶于甲酸）、氯纶（溶于二氯甲烷）、二醋纤（溶于丙酮）和三醋纤（溶于二氯甲烷）等纤维；熔融铸膜，适用于热塑性合成纤维。可根据实际情况选择制样方法。

（1）溴化钾压片。将纤维或纱线整理成束，用切片器将纤维切成长度小于 20 um 的粉末，取 2~3 mg 与约 100 mg 溴化钾混合，在玛瑙研钵中研磨 2~3 min，将研磨均匀的混合物全部移至溴化钾压模中，在约 14 MPa 压力下，压制 2~3 min，即可得到一片透明的样片备用。

（2）溶解铸膜。将纤维试样溶解在合适的溶剂中，然后在晶体板（溴化钾或 KRS-5）上用玻璃棒涂膜，待溶剂完全挥发后备用。

（3）熔融铸膜。将纤维试样夹在聚四氟乙烯板中，置于两加热板之间，在压机上压制成透明的薄膜备用。

纤维红外光谱测定根据需要以及样品和仪器类型，选择合适的扫描条件，如图谱形式、扫描次数、量程范围、坐标形式、分辨率和图形处理功能等。必要时可对相关扫描条件进行调整，以获得理想的图谱。将制备好的试样薄片（膜）放置在仪器的样品架上，启动扫描程序，记录 4000~400 cm^{-1} 波数范围的红外光谱图。

作为分子光谱，具有相同主链结构的纤维，一般具有相同的红外吸收光谱特征，如天然纤维素纤维（棉、苎麻等）和天然动物纤维（羊毛、桑蚕丝等）。而改性纤维的红外光谱，除了呈现原纤维的吸收特征外，会随着改性基团或物质含量的增加，叠加这些改性基团或物质的吸收谱带，如牛奶蛋白改性聚丙烯腈纤维和牛奶蛋白改性聚乙烯醇纤维。相同材料的纤维因样品的来源、预处理、加工工艺、后整理、所使用的仪器及样品制备方法的不同，可能在其红外光谱的峰形及出峰位置上呈现微小的差异，但并不影响其整体特征的判别。

6.3　纺织品纤维含量定量分析（核磁共振法）

［微课］纺织品纤维
含量定量分析
（核磁共振法）

6.3.1　核磁共振检测技术简介

核磁共振波谱法（nuclear magnetic resonance，NMR）与紫外吸收光谱、红外吸收光谱和质谱被称为"四谱"，是对各种有机物和无机物的成分、结构进行定性分析的最强有力的工具之一，也可进行定量分析。核磁共振波谱原理如图 6-10 所示。

在强磁场中，某些元素的原子核和电子能量本身所具有的磁性，被分裂成两个或两个以上量子化的能级。吸收适当频率的电磁辐射，可在所产生的磁诱导能级之间发生跃迁。在磁场中，这种带核磁性的分子或原子核，吸收从低能态向高能态跃迁的能量，产生共振谱，可用于测定分子中某些原子的数目、类型和相对位置。

NMR 波谱按照测定对象分类可分为 ^{1}H-NMR 谱（测定对象为氢原子核）、^{13}C-NMR 谱及氟谱、磷谱和氮谱等。有机化合物和高分子材料都主要由碳氢组成，所以在材料结构与性能研究中，以 ^{1}H 谱和 ^{13}C 谱应用最为广泛。

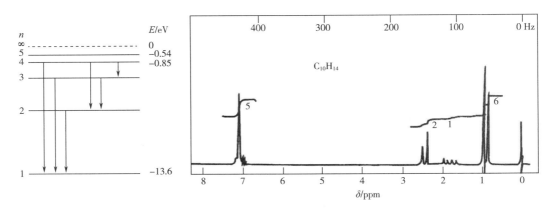

图 6-10　核磁共振波谱原理

除了应用在医学成像检查方面，在分析化学和有机分子的结构研究，及材料表征中也应用最多。有机化合物结构鉴定，一般根据化学位移鉴定基团；由耦合分裂峰数、偶合常数，确定基团联结关系；根据各 ^1H 峰积分面积，定出各基团质子比。核磁共振谱可用于化学动力学方面的研究，如分子内旋转、化学交换等，因为它们都影响核外化学环境的状况，从而谱图上都应有所反映。此外，在研究聚合物，还用于研究聚合反应机理、高聚物序列结构、未知高分子的定性鉴别、机械及物理性能分析等。

6.3.2　核磁共振的检测原理

核磁共振检测技术是一种基于原子核的量子特性的物理检测方法。其原理基于核磁共振现象，即在外加磁场的作用下，原子核会产生共振吸收，从而产生特定的信号。当样品置于外部静磁场中时，样品中的原子核会根据自身的核自旋量子数与外部磁场相互作用而分裂成不同能级。施加射频脉冲后，外部磁场方向会发生变化，导致原子核重新排列能级。当射频脉冲停止后，原子核会向基态过渡，释放能量并产生电磁信号，这就是核磁共振信号。通过探测样品中的核磁共振信号，可以得到关于样品内部结构和性质的信息，如化学成分、分子结构、动力学性质等。利用核磁共振检测技术可以实现对物质的非破坏性检测和分析，广泛应用于化学、生物、医学等领域。核磁共振技术因其高分辨率、灵敏度和准确性而成为一种重要的分析手段。

6.3.3　核磁共振法检测聚酯纤维混合物的含量

6.3.3.1　实验条件

（1）样品量。不同场强需要的样品量不同，如 300 MHz，分子量是几百的样品，测氢谱大约需要 2 mg 以上的样品，测碳谱大约需要 10 mg 以上；600MHz，测氢谱大约需要几百微克。

（2）氘代试剂的选择。因为测试时溶剂中的氢也会出峰，溶剂的量远远大于样品的量，溶剂峰会掩盖样品峰，所以用氘取代溶剂中的氢，氘的共振峰频率和氢差别很大，氢谱中不会出现氘的峰，减少了溶剂的干扰。在谱图中出现的溶剂峰，是氘的取代不完全的残留氢的峰。另外，在测试时需要用氘峰进行锁场。

由于氘代溶剂的品种不是很多，要根据样品的极性，选择极性相似的溶剂，氘代溶剂的极性从小到大排列：苯、氯仿、乙腈、丙酮、二甲亚砜、吡啶、甲醇、水。还要注意溶剂峰的化学位移，最好不要遮挡样品峰。

6.3.3.2　实验步骤

核磁共振法和紫外光谱法、红外光谱法和质谱法一样，是分析有机分子结构及定量测定的有效方法之一。用氘代三氟乙酸和氘代氯仿的混合试剂，将聚酯纤维混合物溶解后进行 ^{1}H 核磁共振光谱测定，根据不同化学环境中的 ^{1}H 吸收峰的，化学位移和峰面积，对聚对苯二甲酸乙二酯纤维（PET）、聚对苯二甲酸丙二酯纤维（PTT）、聚对苯二甲酸丁二酯纤维（PBT）进行定性和定量分析。

取 15 mg 干燥后的样品，用 1 mL 氘代三氟乙酸和氘代氯仿（体积比为 1∶5）的混合溶剂，在常温下进行充分溶解，并转移到 5 mm NMR 试管中；在 1 h 内，用核磁共振波谱仪，在室温下进行 ^{1}H 谱测定，扫描谱宽为 8000 Hz，扫描次数为 64 次，弛豫时间为 1 s，采集时间为 5 s。

6.3.3.3　几种芳香族聚酯的 ^{1}H NMR 谱图分析

解析核磁共振氢谱，一般先确定孤立甲基及类型，以孤立甲基峰面积的积分高度，计算出氢分布；其次是解析低场共振吸收峰（如醛基氢、羰基氢等），根据化学位移，确定归属；最后解析谱图上的高级偶合部分，根据偶合常数、峰分裂情况及峰型推测取代位置、结构异构、立体异构等二级结构信息。

根据芳香族聚酯的化学结构，其氢原子大概可以分为以下三类：对苯二甲酸酯中苯环上的 4 个氢原子、与酯键相连接的亚甲基 4 个氢原子和源于二醇的亚甲基的氢原子（PET 没有此类氢原子）。相对应地，其核磁共振图谱主要有三类典型的吸收峰：对苯二甲酸酯中，苯环上的 4 个氢原子，产生的吸收峰的化学位移，处于较高处（8.1 左右）；与酯键相连接的，亚甲基 4 个氢原子，产生的吸收峰的化学位移，位于 4.4~4.8；源于二醇的亚甲基的，氢原子的吸收峰的化学位移，位于 2~2.5。化学位移在 3~4 出现的吸收峰，多是副反应产物，包括二乙二醇，二丙二醇和二丁二醇中的，羟基上的质子产生的吸收峰。除了核磁共振质子吸收峰的位置外，不同化学位移处，吸收峰的面积相对比值，还可以作为不同芳香族聚酯的进一步确认和对其含量的定量分析依据。图 6-11 所示为 PET、PTT 和 PBT 的 ^{1}H NMR 图。

6.3.3.4　聚酯中各成分物质的化学位移与量比的判定

对 PET/PTT/PBT 共混样品进行核磁共振分析，其 ^{1}H NMR 谱图如图 6-12 所示。通过对比标准样品的化学位移，可清晰地辨别出该样品是 PET/PTT/PBT 的混合物。在此基础上，可进一步确认成分并进行定量分析。

核磁共振信号的强度是通过吸收峰面积的大小表示。而核磁共振信号下的面积与产生这组信号的质子数目成正比，由此可以用来确定化合物的结构和判定各成分的物质的量。用化学位移为 4.8×10^{-6} 处的亚甲基的积分面积代表乙二醇，化学位移为 4.6×10^{-6} 处的亚甲基的积分面积

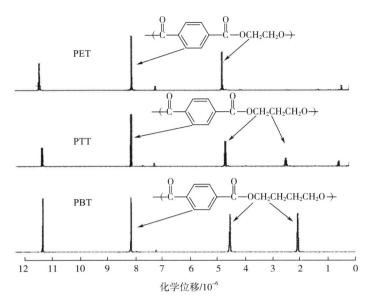

图 6-11　PET、PTT 和 PBT 的 ^{1}H NMR 图

代表丙二醇，化学位移为 4.5×10^{-6} 处的亚甲基的积分面积代表丁二醇，它们积分面积除以它们的质子数之比即是它们的物质的量比。同时可通过丙二醇化学位移为 2.4×10^{-6} 处的亚甲基峰的积分面积和丁二醇化学位移为 2.1×10^{-6} 处的亚甲基峰的面积除以质子数作为验证。

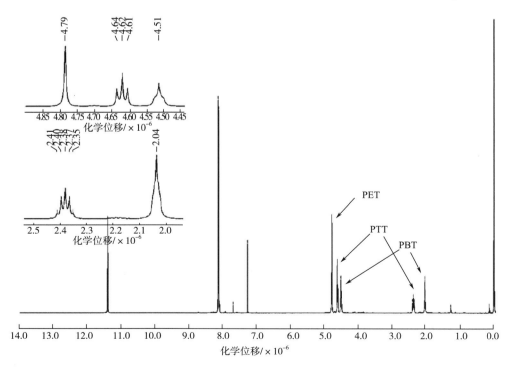

图 6-12　PET/PTT/PBT 共混样品的 ^{1}H NMR 谱图

6.4　纺织品氨基酸含量检测

［微课］纺织品
氨基酸含量检测

6.4.1　蛋白质与氨基酸简介

6.4.1.1　蛋白质的组成

蛋白质存在于所有生物细胞中，是构成生物体的基本成分。氨基酸是构成蛋白质的基本结构单元，如果把蛋白质分子看成是一座大厦，氨基酸则是构成这座大厦的砖瓦。各种蛋白质都是由 20 种氨基酸首尾相连，其中一个氨基酸的羧基和另一个氨基酸的氨基缩水，并以一定的顺序组成肽链。

6.4.1.2　氨基酸的结构

自然界中的氨基酸种类很多，但组成蛋白质的氨基酸只有二十多种，从结构式上来看组成蛋白质的氨基酸除甘氨酸以外，都有一个不对称碳原子，即 α-碳原子，α-碳原子有四个不同的取代基：—COOH 羧基、—NH$_2$ 氨基、H 氢原子和 R 基团，不同氨基酸的 R 基团不同。氨基酸的 R 基团又称为侧链，由于不同氨基酸的侧链不同，它们的分子量、解离程度和化学反应、性能均不同。除甘氨酸外每种氨基酸都有 L 构型、D 构型，图 6-13 所示为氨基酸分子式。氨基酸分子中都具有氨基和羧基，因此它们都能产生氨基与羧基的一般反应，如酯化、甲基化、乙酰化以及酸碱的中和反应等。

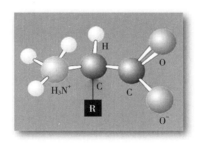

图 6-13　氨基酸分子式

6.4.1.3　氨基酸的分类

按人体营养的需求，氨基酸可分为必需氨基酸、半必需氨基酸及非必需氨基酸。必需氨基酸是指人体每日总有一定量水、CO_2、和一些含氮的最终产物而排出体外，与此同时人体还要从食物中补充一定数量的蛋白质，在消化道中分解成氨基酸吸收到体内，与人体内的氨基酸一起合成组织以补充消耗掉的蛋白质。因此，凡是在体内不能合成必须由外界食物供给的叫必需氨基酸，体内能合成不必由食物供给的叫非必需氨基酸，在体内能合成但不够、还需外界食物供给一部分的叫半必需氨基酸。

按具有的酸性和碱性基团的多少，氨基酸又可分为中性氨基酸、酸性氨基酸及碱性氨基酸。在分子式中具有一个氨基和一个羧基的氨基酸叫中性氨基酸；在分子式中羧基多于氨基，且具有酸性的氨基酸叫酸性氨基酸；在分子式中氨基多于羧基，且具有碱性的氨基酸叫碱性氨基酸。

氨基酸分子中都具有氨基和羧基，因此它们都能产生氨基与羧基的一般反应，如脂化、甲基化、乙酰化以及酸碱的中和作用等。有些氨基酸由于存在其他基团而产生特殊反应，如半胱氨酸的巯基（—SH）。下面主要介绍一下与氨基酸分析仪有关的化学反应。氨基酸与水合茚三酮共同加热被氧化分解产生 CO_2、氨和比氨基酸少一个碳原子的醛，此时茚三酮被还原。在弱酸性溶液中，还原茚三酮与氨及另一分子茚三酮缩合成蓝紫色化合物茚二酮胺 DYDA 在 570 nm 处有最大吸收峰。脯氨酸、羟脯氨酸与茚三酮反应生成黄色物质，在 440 nm 处吸收峰最大。

6.4.2 氨基酸含量的检测原理

氨基酸的分离分析方法很多，一般认为离子交换色谱法是比较准确的定量方法。氨基酸分析仪就是以此为基础研制出来的，图6-14所示为氨基酸分析仪及其工作原理。首先，采用水解的方法将蛋白质的肽链打开，形成单一的氨基酸进行分析。所有的氨基酸在低 pH（2.2）的条件下都带有正电荷，在阳离子交换树脂上均被吸附，但吸附的程度不同，碱性氨基酸结合力最强，其次为芳香族氨基酸、中性氨基酸，酸性氨基酸结合力最弱。然后，按照氨基酸分析仪设定的洗脱程序，用不同离子强度、pH 的缓冲液在离子交换柱上流动，提高流动相 pH，氨基酸正电荷减少，吸附力减弱，依次将氨基酸按吸附力的不同洗脱下来（先酸性氨基酸，再中性氨基酸，最后碱性氨基酸），被洗脱下来的氨基酸与茚三酮反应液在加热的条件下反应（135 ℃），生成可在分光光度计中 570 nm 和 440 nm 检测到的蓝紫色物质（仲氨生成浅黄色物质 440 nm 检测）外标法定量。氨基酸标准液中各种氨基酸在氨基酸自动分析仪上被洗脱的顺序一定，标准液各种氨基酸的浓度和洗脱峰的面积一定，由此可计算出样品中各种氨基酸的含量。

6.4.3 氨基酸含量的检测方法

对样品进行氨基酸分析之前，需要进行适合该样品的前处理，前处理分有两大系统，一个是由蛋白质加水分解而得到的氨基酸的分析法；另一个是以氨基酸及其有关联的化合物为对象，对游离氨基酸的测定法。用于全氨基酸测定的样品，凡是以蛋白质形式存在的都要进行水解处理，常用的水解方法有以下三种。

（1）酸水解法。即标准水解法，是普遍采用的水解方法，此方法水解彻底，但色氨酸遭破坏。水解条件为 6 mol/L HCl、110 ℃真空水解 24 h。此方法的优点是 HCl 本身加热可以蒸发除掉，缺点为溶液显黑褐色、与含醛基化合物作用的结果。

首先称取蛋白质样品适量（100 mg）放入水解管中加 20 mL 的 6 mol/L HCl，超声 1 min，吹氮气 15 s 后封口，将水解管放在 110 ℃恒温干燥箱内水解 24 h。冷却后开管、定容、过滤，

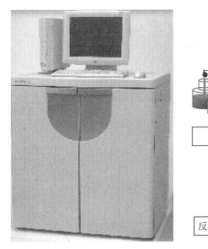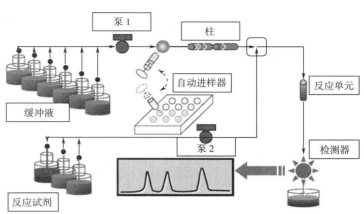

图 6-14　氨基酸分析仪及其工作原理

取 0.1 mL 的滤液置浓缩器中 60 ℃抽真空蒸发至干，必要时可加少许水重复蒸干 1~2 次，加入 0.02 mol/L HCl 稀释液将样品稀释到所需浓度，摇匀、过滤后待用。

（2）碱水解法。采用 NaOH（LiOH）作为水解剂，色氨酸不被破坏，但有消旋作用，丝氨酸、苏氨酸、精氨酸、胱氨酸遭不同程度的破坏。此方法的优点为水解液清亮，但缺点是实验过程中会放出氨气和硫化氢气体。具体实验过程是称取蛋白质样品适量（100 mg 左右为宜）置于聚氟乙烯衬管中加 1.5 mL LiOH（4 mol/L），充氮气 5 min 以上封管，然后将水解管放入 110 ℃恒温干燥箱，水解 24 h。取出水解管冷却至室温，开管加入 1mL 6mol/L 的盐酸中和，用 0.02 mol/L HCl 定容稀释所需浓度，摇匀、过滤后待用。

（3）酶水解法。由于酶是有机催化剂，它不需要高温高压，在常温常压下即可催化有机物质的合成与分解。此方法的优点是水解条件温和，无须特殊设备，氨基酸不受破坏，产物中除氨基酸外尚有较多肽类，主要用于生产水解蛋白及蛋白肽，缺点是水解时间长，且不易水解完全。

氨基酸的检测分析广泛应用于医学、农业、食品、医药、饲料和化妆品等与人类生活和健康密切相关的几大行业。蚕丝作为人类利用最早的动物纤维之一在纺织行业发挥巨大作用，氨基酸检测在纺织行业可实现动物纤维种类鉴别。再生丝素蛋白（SF）是一种从蚕丝中提取出的天然蛋白，已被证实具有良好的生物相容性、生物可降解性、优良的力学性能以及低免疫原性等特点，在手术缝合线、骨组织工程、药物释放、光学电子器件等材料的生物医用领域引起广泛研究，而羊毛纤维富含角蛋白，脯氨酸含量明显高于丝素中脯氨酸含量，因此可根据此特点进行鉴别。此外，还可根据氨基酸含量的不同对蚕丝品种进行分辨及丝织品真伪鉴定，图 6-15 所示为桑蚕和柞蚕的氨基酸检测图谱。

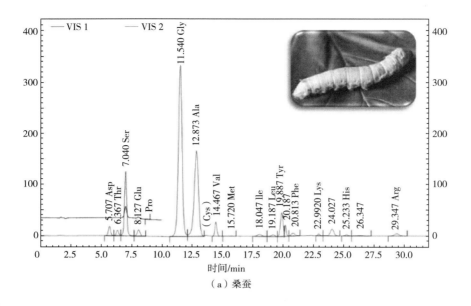

（a）桑蚕

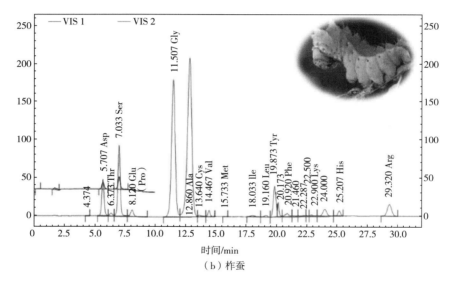

（b）柞蚕

图6-15　不同品种蚕丝氨基酸检测图

参考文献

［1］姚穆 . 纺织材料学 ［M］. 北京：中国纺织出版社，2015.

［2］潘志娟，祁宁 . 纺织材料大型仪器实验教程 ［M］. 北京：中国纺织出版社，2017.

［3］蒋耀兴，刘宇清，姚桂芬 . 纺织品检验学 ［M］. 3 版 . 北京：中国纺织出版社，2018.

［4］范雪荣，王强，张瑞萍 . 纺织品染整工艺学 ［M］. 3 版 . 北京：中国纺织出版社，2017.

［5］中华人民共和国国家质量监督检验检疫总局，中国国家标准化管理委员会 . GB/T 3923.1—2013 纺织品　织物拉伸性能　第 1 部分：断裂强力和断裂伸长率测定（条样法）［S］. 北京：中国标准出版社，2013.

［6］中华人民共和国国家质量监督检验检疫总局，中国国家标准化管理委员会 . GB/T 3917.1—2009 纺织品　织物撕破性能　第 1 部分：冲击摆锤法撕破强力的测定 ［S］. 北京：中国标准出版社，2009.

［7］中华人民共和国国家质量监督检验检疫总局，中国国家标准化管理委员会 . GB/T 3917.2—2009 纺织品　织物撕破性能　第 2 部分：裤形试样（单缝）撕破强力的测定 ［S］. 北京：中国标准出版社，2009.

［8］中华人民共和国国家质量监督检验检疫总局，中国国家标准化管理委员会 . GB/T 21196.2—2007 纺织品马丁代尔法织物耐磨性的测定　第 2 部分：试样破损的测定 ［S］. 北京：中国标准出版社，2007.

［9］中华人民共和国国家质量监督检验检疫总局，中国国家标准化管理委员会 . GB/T 21196.3—2007 纺织品用马丁代尔（Martindale）法对织物抗磨损性的测定　第 3 部分：质量损失的测定 ［S］. 北京：中国标准出版社，2007.

［10］中华人民共和国国家质量监督检验检疫总局，中国国家标准化管理委员会 . GB/T 21196.4—2007 纺织品用马丁代尔（Martindale）法对织物抗磨损性的测定　第 4 部分：外观变化的评定 ［S］. 北京：中国标准出版社，2007.

［11］中华人民共和国国家质量监督检验检疫总局，中国国家标准化管理委员会 . GB/T 4802.1—2008 纺织品　织物起毛起球性能的测定　第 1 部分：圆轨迹法 ［S］. 北京：中国标准出版社，2008.

［12］中华人民共和国国家质量监督检验检疫总局，中国国家标准化管理委员会 . GB/T 4802.2—2008 纺织品　织物起毛起球性能的测定　第 2 部分：改型马丁代尔法 ［S］. 北京：中国标准出版社，2008.

［13］中华人民共和国国家质量监督检验检疫总局，中国国家标准化管理委员会 . GB/T 4802.3—2008 纺织品　织物起毛起球性能的测定　第 3 部分：起球箱法 ［S］. 北京：中国标

准出版社，2008.

［14］中华人民共和国国家质量监督检验检疫总局，中国国家标准化管理委员会.GB/T 4802.4—2020 纺织品　织物起毛起球性能的测定　第4部分：随机翻滚法［S］.北京：中国标准出版社，2020.

［15］JING J F, ZHANG Z Z, KANG X J, et al. Objective evaluation of fabric pilling based on wavelet transform and the local binary pattern［J］. Textile Research Journal, 2012, 82（18）：1880-1887.

［16］中华人民共和国国家质量监督检验检疫总局，中国国家标准化管理委员会.GB/T 8628—2013 纺织品测定尺寸变化的试验　织物试样和服装的准备、标记及测量［S］.北京：中国标准出版社，2013.

［17］中华人民共和国国家质量监督检验检疫总局，中国国家标准化管理委员会.GB/T 8629—2017 纺织品试验用家庭洗涤和干燥程序［S］.北京：中国标准出版社，2017.

［18］中华人民共和国国家质量监督检验检疫总局，中国国家标准化管理委员会.GB/T 8630—2013 纺织品洗涤和干燥后尺寸变化的测定［S］.北京：中国标准出版社，2013.

［19］中华人民共和国国家质量监督检验检疫总局，中国国家标准化管理委员会.GB/T 8424.3—2001 纺织品　色牢度试验色差计算［S］.北京：中国标准出版社，2001.

［20］王华清，文水平.计算机测色配色应用技术［M］.上海：东华大学出版社，2012.

［21］董振礼，郑宝海，轩桂芬，等.测色与计算机配色［M］.3版.北京：中国纺织出版社，2017.

［22］中华人民共和国国家质量监督检验检疫总局，中国国家标准化管理委员会.GB/T 12704.1—2009 纺织品　织物透湿性试验方法　第1部分：吸湿法［S］.北京：中国标准出版社，2009.

［23］中华人民共和国国家质量监督检验检疫总局，中国国家标准化管理委员会.GB/T 12704.2—2009 纺织品　织物透湿性试验方法　第2部分：蒸发法［S］.北京：中国标准出版社，2009.

［24］HUANG J H. Theoretical analysis of three methods for calculating thermal insulation of clothing from thermal manikin［J］. Ann Occup Hyg, 2012, 56（6）：728-735.

［25］中华人民共和国国家质量监督检验检疫总局，中国国家标准化管理委员会.GB/T 18398—2001 服装热阻测试方法　暖体假人法［S］.北京：中国标准出版社，2001.

［26］李丽，肖红，程博闻，等.织物接触冷暖感的影响因素及研究现状［J］.棉纺织技术，2016，44（1）：80-85.

［27］韩雪，王帅，周小红.凉感纤维织物导热系数影响因素的探讨［J］.合成纤维，2020，49（1）：36-40.

［28］楚鑫鑫，肖红，范杰.织物凉感等级的主客观评价及确定［J］.纺织学报，2019，40（2）：105-113.

［29］KUKLANE K, GAO C S, WANG F M, et al. Parallel and serial methods of calculating thermal insulation in european manikin standards ［J］. International Journal of Occupational Safety and Ergonomics（JOSE），2012，18（2）：171-179.

［30］中华人民共和国国家质量监督检验检疫总局，中国国家标准化管理委员会 . GB/T 2912.1—2009 纺织品　甲醛的测定　第 1 部分：游离和水解的甲醛（水萃取法）［S］. 北京：中国标准出版社，2009.

［31］中华人民共和国国家质量监督检验检疫总局，中国国家标准化管理委员会 . GB/T 7573—2009 纺织品　水萃取法 pH 值的测定 ［S］. 北京：中国标准出版社，2009.

［32］中华人民共和国国家质量监督检验检疫总局，中国国家标准化管理委员会 . GB/T 20388—2016 纺织品邻苯二甲酸酯的测定 ［S］. 北京：中国标准出版社，2016.

［33］中华人民共和国国家质量监督检验检疫总局，中国国家标准化管理委员会 . GB/T 6151—1997 纺织品　色牢度实验　试验通则 ［S］. 北京：中国标准出版社，1997.

［34］中华人民共和国国家质量监督检验检疫总局，中国国家标准化管理委员会 . GB/T 250—2008 纺织品　色牢度实验　评定变色用灰色样卡 ［S］. 北京：中国标准出版社，2008.

［35］中华人民共和国国家质量监督检验检疫总局，中国国家标准化管理委员会 . GB/T 251—2008 纺织品　色牢度实验　评定沾色用灰色样卡 ［S］. 北京：中国标准出版社，2008.

［36］中华人民共和国国家质量监督检验检疫总局，中国国家标准化管理委员会 . GB/T 8427—2008 纺织品　色牢度实验　耐人造光色牢度：氙弧 ［S］. 北京：中国标准出版社，2008.

［37］杨志敏，董晶泊 . 纺织品耐人造光色牢度测试方法 ［J］. 印染，2010，10：8-40.

［38］喻忠军，吴洪武，刘军红 . 纺织品耐光色牢度评定方法的探讨 ［J］. 中国纤检，2011（22）：52-53.

［39］中华人民共和国国家质量监督检验检疫总局，中国国家标准化管理委员会 . GB/T 18830—2008 纺织品防紫外线性能的评定 ［S］. 北京：中国标准出版社，2008.

［40］张晓红，周婷，史凯宁 . 纺织品抗紫外线性能不同标准方法应用研究 ［J］. 印染助剂，2017，34（1）：56-60.

［41］朱航艳 . 纺织品光学性能的表征与评价 ［D］. 上海：东华大学，2004.

［42］袁彬兰，李皖霞，李红英 . 纺织品防紫外线性能标准和测试结果差异 ［J］. 中国纤检，2012（8）：52-54.

［43］BS EN13758-1：2002 Textiles-Solar UV protective properties-Part 1：Method of test for apparel fabrics ［S］. 北京：中国标准出版社，2002.

［44］AATCC 183—2010 Transmittance or blocking of erythemally weighted ultraviolet radiation through fabrics ［S］. 北京：中国标准出版社，2010.

［45］ZHU J J，YUAN L，GUAN Q B，et al. A novel strategy of fabricating high performance UV-resistant aramid fibers with simultaneously improved surface activity，thermal and mechanical properties through building polydopamine and grapheme oxide bi-layer coatings ［J］. Chemical Engineering Journal，2017：134-147.

［46］ AATCC TM186—2006 Weather resistance：UV light and moisture exposure ［S］. 北京：中国标准出版社.

［47］ 中华人民共和国国家质量监督检验检疫总局，中国国家标准化管理委员会 . GB/T 33615—2017 服装电磁屏蔽效能测试方法 ［S］. 北京：中国标准出版社，2017.

［48］ 中华人民共和国国家质量监督检验检疫总局，中国国家标准化管理委员会 . GB/T 23463—2009 防护服装微波辐射防护服标准 ［S］. 北京：中国标准出版社，2009.

［49］ 中华人民共和国国家质量监督检验检疫总局，中国国家标准化管理委员会 . GB/T 5454—1997 纺织品　燃烧性能试验　氧指数法 ［S］. 北京：中国标准出版社，1997.

［50］ 中华人民共和国国家质量监督检验检疫总局，中国国家标准化管理委员会 . GB/T 4744—2013 纺织品　防水性能的检测和评价　静水压法 ［S］. 北京：中国标准出版社，2013.

［51］ 中华人民共和国国家质量监督检验检疫总局，中国国家标准化管理委员会 . GB/T 2406.2—2009 塑料　用氧指数法测定燃烧行为　第 2 部分：室温试验 ［S］. 北京：中国标准出版社，2009.

［52］ 中华人民共和国国家质量监督检验检疫总局，中国国家标准化管理委员会 . GB/T 5455—2014 纺织品燃烧性能垂直方向损毁长度、阴燃和续燃时间的测定 ［S］. 北京：中国标准出版社，2014.

［53］ 中华人民共和国国家质量监督检验检疫总局，中国国家标准化管理委员会 . GB/T 5456—2009 纺织品燃烧性能垂直方向试样火焰蔓延性能的测定 ［S］. 北京：中国标准出版社，2009.

［54］ 中华人民共和国国家质量监督检验检疫总局，中国国家标准化管理委员会 . GB/T 8746—2009 纺织品燃烧性能垂直方向试样易点燃性的测定 ［S］. 北京：中国标准出版社，2009.

［55］ 徐婕，朱宏，陈国强，等 . 微型量热仪在纺织品燃烧性能测试中的应用 ［J］. 印染，2013，（18）：38-40.

［56］ ASTM D7309—2007 Standard test method for determining flammability characteristics of plastics and other solid materials using microscale combustion calorimetry ［S］. American：American Society for Testing and Materials，2007.

［57］ 中华人民共和国国家质量监督检验检疫总局，中国国家标准化管理委员会 . GB/T 8323.2—2008 塑料　烟生成　第 2 部分：单室法测定烟密度试验方法 ［S］. 北京：中国标准出版社，2008.

［58］ 中华人民共和国国家质量监督检验检疫总局，中国国家标准化管理委员会 . GB/T 4744—2013 纺织品防水性能的检测和评价　静水压法 ［S］. 北京：中国标准出版社，2013.

［59］ 中华人民共和国国家质量监督检验检疫总局，中国国家标准化管理委员会 . GB/T 4745—2012 纺织品防水性能的检测和评价　沾水法 ［S］. 北京：中国标准出版社，2012.

［60］ 中华人民共和国国家质量监督检验检疫总局，中国国家标准化管理委员会 . GB/T 14577—1993 织物拒水性测定　邦迪斯门淋雨法 ［S］. 北京：中国标准出版社，1993.

［61］中华人民共和国国家质量监督检验检疫总局，中国国家标准化管理委员会．GB 2626—2006 呼吸防护用品　自吸过滤式防颗粒物呼吸器［S］．北京：中国标准出版社，2006．

［62］中华人民共和国国家质量监督检验检疫总局，中国国家标准化管理委员会．GB/T 32610—2016 日常防护型口罩技术规范［S］．北京：中国标准出版社，2016．

［63］张大同．扫描电镜与能谱仪分析技术［M］．广州：华南理工大学出版社，2009．

［64］朱琳．扫描电子显微镜及其在材料科学中的应用［J］．吉林化工学院学报，2007 （2）：81-84．

［65］高一川．扫描电子显微镜在纺织品检测中的应用［J］．中国纤检，2006（9）：20-21．

［66］鹿璐，杨建忠．扫描电镜的发展特点及在纺织材料研究中的应用［J］．江苏纺织，2007（2）：53-55．

［67］祁宁，瞿静．纺织材料 SEM 制样与拍摄技术探讨［J］．现代丝绸科学与技术，2014，29（2）：47-49，81．

［68］谢剑飞．使用氨基酸自动分析仪测试纺织品中的氨基酸含量［J］．纺织科技进展，2019（3）：38-40．

附录

纺织通用仪器设备简介

仪器类型	仪器照片	仪器名称及型号	主要用途
形貌与结构分析		冷场发射扫描电镜及其配套能谱仪 HITACHI，S4800	用于观察材料的微观结构及分析材料中元素成分及其含量 （1）加速电压：0.5~30 kV （2）二次电子图像分辨率：1 kV，$WD=4$ mm 时为 1.5 nm；15 kV，$WD=4$ mm 时为 1 nm （3）放大倍数：30 万~80 万倍 （4）非定量元素分析：X 射线能谱元素分析范围 Be-U92，谱线分辨率 129.25 eV
		冷场发射扫描电镜及其配套能谱仪 HITACHI，8100	用于观察材料的微观结构及分析材料中元素成分及其含量 （1）加速电压：0.5~30 kV （2）二次电子图像分辨率：1 kV，$WD=4$ mm 时为 0.8 nm；15 kV，$WD=4$ mm 时为 0.7 nm （3）放大倍数：30 万~200 万倍 （4）非定量元素分析：X 射线能谱元素分析范围 Be-U92，谱线分辨率 129.25 eV
		台式扫描电镜及能谱仪 HITACHI，TM3030	用于观察材料的微观结构及分析材料中元素成分及其含量 （1）加速电压：5~15 kV （2）背散射电子图像分辨率：优于 17nm （3）放大倍数：3 万~30 万倍； （4）非定量元素分析：X 射线能谱元素分析范围 Be-U92，谱线分辨率 129.25 eV
		原子力显微镜 Bruker，Multimode 8	用于观测各种材料的微观形貌，纳米颗粒的表面形貌观察、尺寸测定、表面粗糙测定、颗粒度解析、弹性模量、磁力和电场力的测量分析等

仪器类型	仪器照片	仪器名称及型号	主要用途
形貌与结构分析		激光共聚焦显微镜 Olympus，FV1000	用于细胞生物学、生物化学、药理学、遗传学和材料学等领域，可进行平面扫描（xy）、时间扫描（xyt）、三维扫描（xyz）及三维重建等，具备三个荧光共聚焦通道和一个高反差DIC透射光通道，同时具备一体化全内反射显微镜模块（TIRF）
		超景深三维显微镜及高速摄像机 Keyence	用于光学拍摄各种材料图片，并具有多焦距三维叠合功能（把不同焦点上清晰的图片合成到一起）。高速摄像机可以进行 200～10000 帧的视频拍摄，放大倍数分别为 20～200 倍和 500～5000 倍
		圆二色谱仪 JASCO，J-815	用于手性化合物构象、天然化合物药物、糖分子、高聚物材料、生物大分子（如蛋白质、核酸、DNA、多肽等）的结构分析、相互作用研究以及药物筛选并适合于高通量的药物筛选
材料热物性能测试		差示扫描量热仪 TA，Discovery 250	用于测试材料的相变（一级相变或二级相变）、熔点、熔化热、比热容、玻璃化转变温度等，研究在程序温度控制下测量输入被测样品和参比物的功率差与温度的关系
		热重差热综合分析仪 PE，Diamond TG/DTA	用于研究测量样品在程序温度控制下的化学及物理变化所引起的质量和热量的同步变化，可测试材料的分解温度、热稳定性、重量变化率、相变、熔点、熔化热和玻璃化转变温度等
		旋转流变仪 TA，DHR-2	应用于流体、熔体、凝胶及固体的流变性能、动态黏弹性等的测定

仪器类型	仪器照片	仪器名称及型号	主要用途
材料热物性能测试		旋转黏度仪 Anton Paar，Rheolab QC	用于涂料、黏合剂、食品、化妆品、软性凝胶、润滑剂、建筑材料、泥浆、沥青等的流变和黏度曲线测试，还可对乳液和分散体系的混合行为、涂料的触变性、垂直流挂和流平性、胶体和黏糊屈服点等进行研究测试
		全自动比表面孔隙测定仪 PMI，CFP-1500 A	用于测量纤维集合体材料，如织物、非织造材料等的孔隙结构。借助于液体排驱技术，可测量通孔孔径及气体渗透率
材料热物性能及光谱/能谱测试		热重—红外联用仪 PerkinElmer，TGA4000+SP2	用于研究材料的热稳定性、分解过程、吸附与解吸、氧化与还原、水分与挥发物测定，作材料成分的定量分析，研究添加剂与填充剂影响，反应动力学研究、热分解机理等。在得到热分析信息的同时，可进一步对热分析过程中的逸出气体进行检测
光谱/能谱测试		红外光谱仪 Nicolet，5700	用于红外定量分析功能；图谱检索功能；可以报告分子结构，光谱和化学特性；可进行各种材料的动力学分析，40 张光谱/s；具有谱图显示及处理功能，可同时兼容 IR、NMR、MS、拉曼光谱、GC、UV/Vis 的谱库检索，可以报告分子结构，光谱和化学特性；智能红外谱图解析功能
		显微拉曼光谱仪 HORIBA，XploRA PLUS	用于物质分子层面的研究，从测定的拉曼光谱中，可以得到分子的结构信息，包括化学组成、结构、构象、形态和洁净度；还可以得到准确的应力大小和浓度分布。仪器可以实现超快速的共焦拉曼成像，是普通成像速度的 10 倍

仪器类型	仪器照片	仪器名称及型号	主要用途
光谱/能谱测试		X 光电子能谱仪 KRATOS，Axis Ultra HAS	基于光电效应利用 X 射线光子激发出物质表面原子的内层电子，通过这些电子进行能量分析而获得表面成分信息的一种能谱。仪器主要用于分析测试材料表面元素含量、元素成分等，可进行微区元素和化学态空间分布分析
		X 射线衍射仪 岛津，6100	仪器采用 $\theta/2\theta$ 扫描方式，利用衍射原理，精确测定物质的晶体结构及应力，主要用于物相鉴定，晶格常数精密化，结晶度计算以及晶体结构解析等方面的研究工作，广泛应用于物理、化学、药物学、冶金学、高分子材料、生命科学以及材料科学等学科
		紫外可见光分光光度计 岛津，U-3010	用于测试染料溶液、蛋白质溶液、紫外线吸收剂、有机物等在紫外区域和可见光区域的吸收情况，主要有吸光度、透射率等指标
		粒径/Zeta 电位测试仪 Malvern，ZS90	利用颗粒对光的散射现象，以及大颗粒产生的散射角小、小颗粒产生的散射角大的原理，测量分析乳液、悬浮液、纳米材料等样品的粒度分布和 Zeta 电位
		原子吸收光谱仪 PE，AA800	用于八种重金属元素的定性、定量分析。现有配置可以测量的八种元素为 Cd、Co、Cr、Cu、Ni、Pb、Sb、Zn，增加配备相应的元素灯后可扩展重金属元素测量种类

仪器类型	仪器照片	仪器名称及型号	主要用途
光谱/能谱测试		电感耦合等离子体发射光谱仪 Thermofisher，Icap 6300	用于元素的各种定性定量分析，应用于冶金、地质、环保、化工、材料食品及食品等领域的微量金属元素及部分非金属元素的测定
		总有机碳/总氮分析仪 德国耶拿，Multi-N/C2100	通过在特殊催化剂存在的条件下高温氧化原理测定水样中的总有机碳或总氮，也可以在外接固体模块下测定少量固体样品中的总碳。主要适用于水处理（印染等工业污水、饮用水、高盐复杂水）、环境检测（海水等）、垃圾和土壤等领域
表面界面性能测试		固体 Zeta 电位测试仪 Anton Paar，SurPASS	可以测试纤维、薄膜、粉末、粒子、固体金属或非金属片等材料的表面电荷，可了解材料表面上的电荷状况，研究材料表面性能。主要应用于材料表面改性，材料表面黏附、吸附、脱附等，材料组成，材料亲水性与疏水性，材料洁净处理等，对不同形状和尺寸的固体及粉末材料均适用
		动态接触角/表面/界面张力仪 dataphysics，DCAT 21	测量液体的表面、界面张力，特殊固体材料（纤维、粉末）的动态接触角；计算固体表面自由能及其分量，全自动测量表面活性剂的临界胶束浓度（CMC）；测量液体的密度、悬浮液的沉降速率
		视频接触角测量仪 Dataphysics，OCA	用于材料表面接触角的测试和分析，应用于机织物、非织造材料、生物丝素膜等材料；高性能合成材料的开发；硅晶片、半导体材料、玻璃等表面洁净度的确定；化妆品和制药行业，如乳霜或粉末表面性能的研究；涂料、金属表面涂层、塑料；吸水性物质的吸附行为

仪器类型	仪器照片	仪器名称及型号	主要用途
色谱质谱分析		三重四级杆液质联用仪 ThermoFisher, TSQquantum AccessMAX	用于生态纺织品的检测和研究工作, 针对热不稳定化合物、易挥发小分子化合物 (M_W < 1000) 具有较好的检测效果, 可以判定未知化合物的分子结构和特定官能团
		三重四级杆气质联用仪 BRUKER, 450GC/320MS	用于生态纺织品的检测和研究工作, 适用于纺织品中禁用染料的定性和定量分析, 对判断未知化合物的特定官能团和同分异构体的判别具有极大的效用
		氨基酸分析仪 Hitachi, L8900	用于检测样品中蛋白水解氨基酸、游离氨基酸的种类及含量, 广泛应用于食品、纺织等领域
核磁类测试		核磁共振颗粒表面特性分析仪 PO001	通过探测含氢溶剂分子的平均弛豫时间变化来推知溶液颗粒表面特性, 可以评价悬浮液体的颗粒与溶剂之间的表面化学、亲和性、润湿性, 也可用于纳米颗粒、石墨烯、涂料颗粒、染料颗粒等表面特性分析、颗粒亲疏水性研究、丝素凝胶过程分析、材料孔径大小评价、悬浮液分散性、稳定性评价等

［微课］纺织专用仪器设备及原理

纺织专用仪器设备简介

仪器类型	仪器照片	仪器名称及型号	主要用途
力学性能测试：拉伸强力		万能材料试验机 Instron 5967/3365	用于测定纺织纤维、纱线、织物等各种材料的拉伸、弯曲、剥离、撕裂、海绵压缩等力学性能
力学性能测试：撕破强力		撕破强力测试仪 Mesdan Elmatic	可用于织物、厚纸张、塑料布、电工胶布等的抗撕裂强力的测定，量程 0~300 N
力学性能测试：硬挺度		全自动硬挺度测试仪 （YG18）0220	用于测量各类织物的刚柔性，硬挺度是织物抵抗弯曲方向形状变化的能力，主要以弯曲长度来表征
力学性能测试：涨破强力		电子气动胀破强度仪 YG032G	用于检测机织、针织、非织造布、纸张、皮革或板材材料的胀破强力

仪器类型	仪器照片	仪器名称及型号	主要用途
功能性测试：手感性能评价		KES 风格仪 KATO，TECH FB	对各类织物（机织物、针织物、非织造布）、皮革、合成皮革以及各种膜材料的力学性能进行精确检测（测量柔性材料的拉伸、剪切、弯曲、压缩、摩擦性能），同时也可用于测试护肤品（BB 霜、粉饼）涂覆于人造皮肤上的表面粗糙度与摩擦系数
		接触冷暖感测试仪 KATO，KES F7	用于测定纺织织物、柔性体等各种材料瞬间接触冷暖感 Q_{max} 值（热流量峰值）、热传导率和保温性，并进行客观的量化评价
		织物触感仪 RF4008FTT	用于测试织物经纬向以及织物的热流、压缩、弯曲、表面摩擦性能和表面粗糙度等多项物理指标，并可以由这些物理特性，结合人体主观触感评价测量，进一步评估织物的柔软度、顺滑度和冷暖感，从而评估织物的综合接触舒适感
功能性测试：透湿性能		透湿性能测试仪 TEXTEST，FX3150	仪器是集透湿、烘干一体化的透湿仪，采用了国内外最先进的数字式湿度、温度传感器，工作稳定，检测精度高。主要测试织物、柔性薄膜的透湿性能。本仪器适用于 GB/T 12704.1、ASTM E 90、JIS L 1099、BS 7029
功能性测试：热湿舒适性能		暖体假人 NEWTON-34	仪器为 34 区暖体假人，可以实现各区段温度、发汗量可调，可模拟人体的热湿传递过程。假人有可移动的人造织物发汗皮肤，滚轮支撑和机械化步行系统，自带自动模型控制软件程序——ThermDac，可测试服装热湿舒适性能的相关指标

仪器类型	仪器照片	仪器名称及型号	主要用途
功能性测试：热湿舒适性能		人工气候室 EBL-8H30WOPJ'J-38	用于模拟春夏秋冬各种气候环境。温度范围：-20~50℃；湿度范围：15%~95%（温度范围：10~50℃）
		热阻湿阻仪 美国西北，iS-GHP	用于在设定的环境条件下测定各类纺织制品及制作这些制品的纺织织物、薄膜、涂层、泡沫、皮革以及复合材料在稳态条件下的热阻和湿阻
		远红外测试仪	采用远红外发射源以恒定的功率辐照强度辐射到被测试样品上一定时间产生温度升高值，从而测定纺织品远红外性能，符合 GB/T 30127
		织物吸湿快干性能测试仪 RF4008MST	用于测量织物的液态水分动态传输性能，可以测试织物动态水分传输特性，包括吸收速率、水分单向传递性能和水分扩散性能，符合 GB/T 21655.2 和 AATCC 195 标准测试方法
功能性测试：防水性能		邦迪斯门雨淋试验仪 RF4468N	用于测试织物在受到摩擦和旋转时对人工模拟雨水穿透的阻力。通过穿透织物的水量，并称重试样，以确定样品吸收的水量，符合 ISO 9865、GB/T 14577、BS EN 29865、DIN 53888、JIS L 1092 等标准

仪器类型	仪器照片	仪器名称及型号	主要用途
功能性测试：防水性能		静水压测试仪 TEXTEST，FX3000	可以通过动态、静态和编程测试方法测定织物的透水性能，最大测试压强为2000 mbar。可用于户外运动服装、雨伞，防水面料防水性能测试，也可用于医用防护服防护材料透液性、透血性测试。适用于GB/T 4744、FZ/T 01004等标准
功能性测试：起毛起球性能		马丁旦尔耐磨仪器 Mesdan	用于测定各种织物测量面料的起毛起球性能，质量损失。根据样照来评价起毛起球的等级
功能性测试：起毛起球性能		起毛起球三维评级系统 Atlas，PILLGRADE	用于客观评价纺织品起毛起球性能，可自动测试起球数量、平均起球质量、平均起球尺寸、起球密度、起毛密度、起毛起球评级等参数。符合ASTM 3512，ISO 12945，GB/T 4802.1、GB/T 4802.2、GB/T 4802.3等标准
功能性测试：抗静电性能		静电性能测试仪 日本大荣	仪器可满足在适宜的大气条件下（20℃，30%～40%）测量纤维、纱线、织物、服装样品及其他柔性片状材料的抗静电性能，测量指标为半衰期和静电压，主要用于测试冬季化纤面料的摩擦起静电量
功能性测试：透气性能		全自动透气量仪 ATLAS，M021A	可测量机织物、针织物、非织造材料的透气性能，也可用于测量造纸行业的空气滤芯纸、水泥纸、滤布、涂层织物等的空气过滤性能

仪器类型	仪器照片	仪器名称及型号	主要用途
功能性测试：过滤性能		滤料性能测试仪 TSI 8130	可测量各种非织造材料的过滤性能，为滤料测试提供了快速、可靠的滤料过滤效率的检测方法。通过喷射气溶胶可以检测过滤材料的过滤效率
条干性能测试		条干测试仪 Uster me100	可以检测出一条纱线上的粗节、细节、棉结等。专业技术人员可以根据纱线的这些指标及时调整设备，也可以作为纱线质量好坏的判断指标。主要用于测量纱线、丝的匀度、分级等，同时也可以与乌斯特公报作对比
线密度测试		缕纱测长仪	主要通过绕纱称重法检测各种纱线的线密度
颜色测量		测色配色仪 Huntlab	用于对纺织材料或其他材料颜色的测试（反射或透射）和定量分析，用于对纺织材料各类染色牢度的测定，用于纺织品染整工艺的计算机配色
色牢度测试		日晒牢度色牢度测试仪 ATLAS, XENO-TEST ALPHA_M	用于各种有色纺织品、皮革、人造革、塑料等有色材料的耐光、耐气候色牢度及光老化实验。通过设定试验仓内光照强度、温度、湿度、喷淋等参数，提供实验所需的模拟自然条件，以检测纺织品耐人造气候色牢度、耐人造光色牢度及耐光、汗复合色牢度

仪器类型	仪器照片	仪器名称及型号	主要用途
光泽性能测试		自动变角光度计 MCRL, GP-200	可以根据不同的材料形状自动改变入射角和接收角, 分析空间的反射率、透过率、量化深度感、透明度、高级质感、手感
功能性测试: 抗紫外性能		织物紫外防护测试仪 Labsphere, UV-2000	用于测量织物抗紫外因子 UPF, 以此评估织物对 280～400 nm 波长范围紫外线的阻挡能力。可以得到 T(UVA), T(UVB) 及 UPF 数值。符合 GB/T 18830、AATCC 183、EN 13758 等标准
功能性测试: 紫外老化性能		紫外加速老化试验机 Qlab QUV	能重现太阳光、雨水和露水造成的损害。将材料暴露在交替循环的 UV 光、可控的湿度及高温环境下, 使用特殊的荧光紫外灯管模拟阳光的照射, 用冷凝湿度和/或水喷雾的方法模拟露水和雨水
功能性测试: 燃烧性能		燃烧性能测试仪 MESDAN	可以测定各类单组分或多组分(涂层、多层、夹层制品等)纺织材料和产业用制品在垂直方向的火焰蔓延时间和易点燃性。适用于 GB/T 8746、GB/T 5456 等标准, 可以调节不同点火角度测试不同国家标准
		氧指数测试仪 FTT0080	可测试试样置于垂直试验条件下, 在氧、氮混合气流中, 试样维持燃烧所需的最低氧浓度, 即 LOI 值。可测定各种类型的纺织品(包括单组分或多组分), 如机织物、针织物、非织造布、涂层织物、层压织物等, 但对熔融性纺织品具有一定的局限性。适用于 GB/T 5454、GB 2406、GB 10707 等标准

仪器类型	仪器照片	仪器名称及型号	主要用途
功能性测试：燃烧性能		微型量热仪 FTT0001	基于氧消耗原理检测材料燃烧时所释放出的基本化学热数值，如热释放速率（HRR）、总热释放量（THR）、热释放能力（HRC）和最高裂解温度（T），仅需数毫克（mg）试样就可预测材料的防火性能，并排除与燃烧试验结果无关的物理因素，如膨胀、滴落和遮拦等
		锥形量热仪 VOVCH 6810	通过测试有效计算出材料燃烧的各种特性，如热释放速率、总热释放、烟生成速率、总生烟量、烟释放速率、质量损失速率、点燃时间等。主用来检测材料的防火特性、阻燃机理、燃烧危险等级划分，评价烟气释放等。在纺织、室内装修材料、矿井火灾、塑料、木材等领域应用广泛
		烟雾密度箱 FTT，NBS	测试纺织品、橡胶、塑料、薄膜等固体材料燃烧时生成烟的比光密度、质量损失速率等参数，表征材料的阻燃性能。主要测量厚度不超过 25 mm 的平面样品，在密闭空间内有/无前锋火焰时，垂直暴露于放射性热源 25 kW/m^2 或 50 kW/m^2 的情况下产生的比光密度，可测试四种不同试样暴露模式
加工/后处理类设备		墨滴观测仪 JetXpert，Imagexpert	可捕捉墨滴从喷嘴喷出直至形成完整墨滴的过程，可以分析墨点速度、墨滴体积、拖尾长度等参数，也可观测到是否存在卫星、拖尾、斜喷等现象，适用于墨水喷射性能研究及优化

仪器类型	仪器照片	仪器名称及型号	主要用途
加工/后处理类设备		染色分析系统型在线监测仪 Mathis, SL-A	用于 Mathis 或非 Mathis 实验室设备及大生产设备色染槽染色分析，通过染槽染色在线检测分析，优化和创新染色工艺，达到节能环保新要求。对纤维、纱线或织物进行小样染色试验
		涂层焙烘小样机 Mathis, LTE-S	对纺织品织物或其他薄片进行涂刀涂层或覆膜，然后自动将其送入烘箱按设定温度和时间烘干成型，最后自动退出烘箱。可用于纺织织物涂层新产品研发
		导带式直喷数码/热转印印花机 MS Italy	用于各种纺织织物自动上浆，实现高速数字印花。适用棉、麻、丝、毛等天然纤维面料以及人工合成的化学纤维面料（涤纶类）
		数码印花机 Epson F2180	用于织物或成衣的数码印花，个性化定制印花
		蒸化机 MATHIS	用于织品印染加工所需的蒸化处理测试
		泡沫染色及整理系统	用于单面或双面不同风格整理，并能在低给液染色中得到实施。泡沫整理还可替代传统涂层方式，实现与众不同的涂层效果。织物可控的低带液率泡沫染整加工不仅可以大大减少干燥能源成本，而且干燥温度也可以降低到65℃

仪器类型	仪器照片	仪器名称及型号	主要用途
加工/后处理类设备		纳米静电纺丝机 KATO TECH	用于纳米静电纺的小样纺丝，最多可以实现 5 个喷头同时纺丝